武汉地区气溶胶组分
分布特征及来源解析

赵锦慧　著

U0263432

科学出版社
北京

内 容 简 介

气溶胶是大气污染物的重要组成部分,参与大气物理、大气化学、大气光化学过程,对环境、气候及人体健康等方面都有影响。本书通过采样测定武汉地区气溶胶,分析气溶胶组分的质量浓度与气象因子的关系,运用富集因子分析气溶胶的主要来源,使用 Meteoinfolab 软件分析与拟合得到武汉地区气溶胶的气流输送路径和季节特点,揭示气溶胶组分水平方向和垂直方向分布的时空规律,为跟踪掌握武汉区域性城市灰霾中气溶胶污染状况,探索灰霾监测评估方法积累一定的基础数据与实践经验。

本书适合大气科学、环境科学和相关专业的学生及科研工作者阅读。

图书在版编目(CIP)数据

武汉地区气溶胶组分分布特征及来源解析/赵锦慧著.—北京:科学出版社,2018

ISBN 978-7-03-057410-7

Ⅰ.①武⋯ Ⅱ.①赵⋯ Ⅲ.①气溶胶-空气污染-研究-武汉 Ⅳ.①X513

中国版本图书馆 CIP 数据核字(2018)第 097807 号

责任编辑:孙寓明 / 责任校对:董艳辉
责任印制:彭 超 / 封面设计:苏 波

科 学 出 版 社 出版

北京东黄城根北街 16 号
邮政编码:100717
http://www.sciencep.com

武汉市首壹印务有限公司印刷
科学出版社发行 各地新华书店经销

*

开本:787×1092 1/16
2018 年 5 月第 一 版 印张:8 1/2
2018 年 5 月第一次印刷 字数:202 000

定价:68.00 元
(如有印装质量问题,我社负责调换)

前　　言

按照国际标准化组织(ISO)的定义,空气污染是由于大气中某些物质因自然过程或人类活动而表现出在一定的时间内质量浓度发生变化,影响大气环境质量和人类健康的现象。城市空气污染是指人类活动向城市环境集中排放各类空气污染物,受到城市地区特殊的边界层机构和下垫面条件的协同作用而造成的污染。

我国城市空气污染物主要有 SO_2、NO_x、O_3 和烟粉尘等,首要污染因子为细颗粒物($PM_{2.5}$)。根据近年的环境状况公报,武汉地区的首要污染物为细颗粒物($PM_{2.5}$),其次为可吸入颗粒物(PM_{10}),因此本书选择气溶胶的颗粒物质量浓度、元素组成、可溶性离子组成、黑碳质量浓度作为研究对象,运用 HYSPLIT 轨迹分析模式、Meteoinfolab软件、WRF-CMAQ 气象化学耦合模型、SPSS 的相关分析因子载荷分析等多种方法,对细颗粒物中的相关成分进行详细分析,得到其时空分布特征、污染源的推断及水平方向气流输送来源的构成。

本书侧重于区域水平方向和垂直方向主要污染传输通道和颗粒物质量浓度分布规律的模拟研究,确定气团移动轨迹,研究可吸入颗粒物的输送路径,辨别影响本区 $PM_{2.5}$ 污染的关键源区,同时为长江中游地区城市群大气复合污染联防联控提供参考数据。

本书的模型运转工作是在中国气象科学研究院王亚强、程兴宏研究员的指导下完成的,项目组成员何超、黄超进行了野外采样工作,谢子瑞、刘玉青、李小莉进行了室内分析工作,郁车金子、王云婷收集了大量文献资料,并承担了部分校对工作,审校者包括何超、王亚强、程兴宏、刘玉青、李小莉、黄超、谢子瑞。感谢上述所有项目组成员辛勤的科研劳动,得到了第一手翔实的观测数据,为本书的完成提供保障。

感谢国家自然科学基金青年科学项目"武汉市黑碳在'大气-地表尘-植物群落吸滞尘-表土'系统中沉降规律的观测研究"(41401559)资助。

由于作者学术水平有限,书中疏漏之处在所难免,恳请广大专家和读者批评指正。

赵锦慧
2018 年 4 月

目　　录

第 1 章 区域性气溶胶组分的研究

1.1 气溶胶组分及其环境影响

气溶胶是指均匀悬浮在大气环境中的液态和固态颗粒物的总称,直径多在 $0.001 \sim 100 \ \mu m$,是由多种无机物和有机物混合而成的多相复杂体系,含有各种微量金属、硫酸盐、硝酸盐、含氧有机化合物和无机氧化物等[1],可归类为 6 类气溶胶粒子,即海盐气溶胶、沙尘气溶胶、碳气溶胶(有机碳和黑碳)、硫酸盐气溶胶、铵酸盐气溶胶和硝酸盐气溶胶。一般来说,在受污染源影响的城市地区,由于气溶胶的来源不同、形成过程不同,导致其成分变动较大[2]。

气溶胶按其来源可分为自然源气溶胶和人为源气溶胶两种。自然源气溶胶包括来自火山爆发的散落物、被风扬起的细灰和微尘、森林燃烧的烟尘、海水溅沫蒸发而成的盐粒等物质;人为源气溶胶主要来自交通运输、化石和非化石燃料的燃烧、各种工业排放的烟尘等物质[3]。

按颗粒物粒径大小差异将气溶胶分为总悬浮颗粒物(total suspended particulate,TSP)、可吸入颗粒物(PM_{10})和细颗粒物($PM_{2.5}$)等。一般在空气动力学上把等效直径$<2.5 \ \mu m$ 细粒子气溶胶界定为细颗粒物($PM_{2.5}$);空气动力学上等效直径$<10 \ \mu m$ 的细粒子气溶胶界定为可吸入颗粒物(PM_{10})[4,5]。随着对气溶胶中

颗粒物的深层次研究,科学家发现对环境和人体健康影响最深的一类颗粒物是大气颗粒物中粒径<10 μm 的颗粒物,尤其是 $PM_{2.5}$ 产生的污染。

对于大气化学、大气物理学、大气辐射学、大气光电学、气候学、环境医学、生态学等学科来说,研究气溶胶的物理性质及化学组成具有重要意义。气溶胶不仅能够吸收和散射太阳辐射,还可以充当凝结核或冰核,通过改变其粒径分布、化学成分、含水量、饱和度等因素影响云的形成。所以,研究气溶胶粒子的污染特性和理化组分,是认识其气候环境效应的基础[6,7]。

随着世界经济的持续发展,城市面积不断扩大以及人们的生活水平不断提高,世界人口不断增长,人们对物质、能源的需求不断增加,这使得近年来大气污染问题越来越突出,且呈现多种污染物交叉复合型特征[8]。细颗粒物与臭氧已被并列为最重要的两种大气污染物。气溶胶污染物的排放成为学者研究的热门问题,例如广泛关注的雾霾问题。气溶胶污染物造成的影响和危害比较大,也引起各国政府部门的高度关注[9,10]。

1.2　研究目的及意义

随着社会经济的发展,城镇化建设速度越来越快,气溶胶污染物的排放也在不断增加,城市中的大气污染事件越来越多。气溶胶引起的大气污染问题逐渐成为科学家研究的热点内容,也引起了政府部门的高度重视。气溶胶不仅影响地球表面的辐射平衡、大气降水的形成和局地空气质量的变化,而且对人体健康也有较大的影响。细颗粒物经过呼吸系统可以进入人的肺部并沉淀,从而影响人体健康。水溶性离子是气溶胶颗粒物的重要构成部分,分析其在大气中的组分及来源对控制大气细颗粒污染物具有重要意义。

2015 年武汉地区首要污染物为 $PM_{2.5}$ 的天数有 113 天,为 PM_{10} 的天数有 11 天,而在 2016、2017 年首要污染物为 $PM_{2.5}$ 的天数占比分别达到 70.5%、64.2%,说明颗粒物持续成为武汉地区的首要污染物。因此,弄清大气颗粒物的污染特征和来源,降低大气中颗粒物的质量浓度,改善空气质量对武汉地区而言变得越来越迫切。

针对这个问题,本书对武汉地区开展了气溶胶的观测研究,以气溶胶中的颗粒物、18 种常量化学元素、水溶性离子、黑碳作为分析对象,确定武汉地区气溶胶的时空分布规律,同时对气溶胶污染物(如 SO_2、NO_2、NO、黑碳、O_3 等)进行对比分析,推测气溶胶的来源和影响因素,为降低气溶胶污染和雾霾治理提供一定的数据材料和支撑。

1.3　研　究　现　状

1.3.1　气溶胶研究进展

气溶胶是影响气候变化的重要因子和强迫源。一般来说,气溶胶对气候强迫的强度随自身质量浓度、尺度、化学成分以及空间分布变化而改变。一方面,气溶胶能够通过自身特性对太阳辐射产生影响,改变大气反照率从而影响地气系统的辐射平衡;另一方面,气溶胶作为重要的云凝结物质,能够改变云的各种特性,间接对气候改变发挥作用[11]。此外,作为吸附空气中的污染物载体的气溶胶,在长距离的运输中通过各种形式沉降下来,对局部环境产生影响。Ramanathan[12]在 2008 年的研究表明气溶胶和温室气体引起的辐射强迫作用力度基本一致,但气溶胶对地球起负强迫作用,而温室气体则相反。第五次 IPCC 报告[13]指出:温室气体对气候改变的强度较大,而气溶胶由于自身性质,使其辐射强迫作用的不确定性较高。

国内外学者在近几十年的气溶胶辐射特性研究领域取得了巨大的成果,特别是美国国家航空航天局(NASA)及其合作者在全球范围内建立了国际气溶胶自动监测网,获得了很多有价值的气溶胶资料。

我国对气溶胶的研究始于 20 世纪 70 年代,初期的研究成果主要是介绍和翻译国外的一些经验和理论进行实际应用。如许立功[14]翻译了《城市大气中气溶胶的毒性与粒子大小的影响》一文,第一次在国内介绍了气溶胶颗粒物与肺通气障碍之间的关系;吕达仁等[15]采用 Van de Hulst 和 Deirmengian 递推关系表达式计算了某几类气溶胶波谱分布对 $0.69\ \mu m$、$1.06\ \mu m$ 和 $10.6\ \mu m$ 等波长的消光特性,结果表明利用能见度来确定激光大气消光系数具有一定的可能性但也存在一定的局限。

我国气溶胶研究的初期工作主要集中在其观测采样方面,重点分析不同环境背景下气溶胶粒子含量的变化特征以及与气象要素的关系,如邹进上[16]、游荣高[17]等分别对长江下游地区进行气溶胶质量浓度特点和尺度谱垂直分布特征的分析,同时徐国昌[18]、周明煜[19]等对沙尘暴天气进行了诊断分析,并研究了粒子化学成分和传输过程中与天气条件的关系。

自 1980 年,随着技术手段的提高,气溶胶粒子采样工作已经突破传统的地面观测,出现高空气球探测、飞机采样、轮船采样,这一阶段的主题是在继承前人对气溶胶粒子含量变化特征研究的基础上,重点探索不同气溶胶组分的化学成分和物理特性,以及时空分布特征等,其中许黎等[20]在 1993 年利用高空气球搜集气溶胶样品,分析了河北香河地区上空气溶胶粒子形态及化学成分,这是国内首次进行大气气溶胶垂直方向上化学组分的研究,具有里程碑意义。同时针对气溶胶粒子的辐射特性,一些学者开展了包括多种形式在内的气溶胶遥感研究,祁栋林等[21]于1997年利用直接辐射仪研究了瓦里关中国大气本底站附近大气污浊度状况,白宇波[22]在西藏地区利用激光雷达短期遥感监测大气气溶胶,均取得不错效果。

20世纪90年代以来,研究重点从之前的工作向气溶胶粒子的气候、环境效应转变,包括不同区域气溶胶对周围环境的辐射研究以及利用不同气候模式对气溶胶进行模拟研究[23],取得不少成果。

而近十几年以来,我国环境问题日益突出,气溶胶作为大气中极其重要的组成物质,受到科学家的重视。同时,气溶胶粒子观测设备和方法有了进一步完善,气溶胶遥感研究和输送模式模拟研究以及重点城市污染物相关研究成为研究主题。罗淦等[24]利用气溶胶输送模式对研究区内包括硫酸盐、黑碳在内的气溶胶生成、运输进行了研究;李成才等[25]在2003年利用MODIS等光学遥感方法对珠江三角洲地区一次气溶胶污染过程垂直方向上气溶胶消光系数进行分析,发现在它的输送作用下,导致了香港地区空气污染事件,并且还证实了光学遥感方法在大气气溶胶粒子研究中的可行性。

除此之外,利用遥感影像、雷达及激光等新手段对气溶胶的研究也取得了显著的成果。例如谭静等[26]利用MARMOT(middle atmosphere remote mobile observatory in Tibet)激光雷达系统,于2013年8月～2015年5月在青海省格尔木市开展了夜间气溶胶垂直分布的观测实验,初步获得了青藏高原北部地区上空气溶胶的消光系数反演结果。林楚勇等[27]利用MODIS C005气溶胶光学厚度产品对地面太阳光度计进行区域精度验证,研究了2002～2012年广东省气溶胶光学厚度的时空变化趋势。

在武汉地区气溶胶化学成分的研究中,李海波等[28]对武汉地区2000～2005年6个典型功能区进行了空气质量监测,认为质量浓度超标的空气污染物是PM_{10}。李兰等[29,30]研究武汉地区污染状况及其与气象条件的关系,分析了2002年SO_2、NO_2、PM_{10}的逐日平均质量浓度,结果显示武汉地区的主要污染物是PM_{10},各污染物的季节分布规律明显。冬季各污染物的平均质量浓度最高,其次为秋季,夏季最低,冬季各污染物与气象要素的相关性最好。魏静等[31]利用2001～2003年武汉地区大气污染监测资料,分析结果表明:一年中武汉地区夏季的空气质量状况良好,秋冬季较差,其成因与武汉地区不同季节气象要素分布特征有着密切的联系。王大鹏等[32]对2013～2014年武汉地区气溶胶粒子与气象要素之间的关系探究发现,气溶胶粒子与温度、气压、湿度、风向风速等气象因子有显著的相关关系,PM_{10}和$PM_{2.5}$质量浓度日变化呈现双峰型结构,冬季＞春季＞秋季＞夏季。$PM_{2.5}$和PM_{10}主要分布在风速小于4 m/s范围内。

1.3.2　气溶胶中颗粒物与水溶性离子的研究进展

我国对气溶胶中颗粒物的研究起步较晚,1997 年以前多以 TSP 为主要研究对象,从 1997 年开始采用以 PM_{10} 和 $PM_{2.5}$ 为主要研究对象,开展了空气中 TSP、$PM_{2.5}$、PM_{10} 的质量浓度、分布、来源及危害等方面的研究工作[33,34]。

水溶性离子是气溶胶颗粒物中的主要组分[35]。水溶性离子不但透过太阳光的散射和吸收作用影响全球辐射量的均衡分布,并且作为云的凝结核还可以影响云和雾的形成,从而影响大气能见度。研究发现气溶胶中水溶性离子更易于被人体接收,且水溶性成分具有表面活性剂的功能,从而进一步增加了有毒有机质(如 PAHs)的水溶性[36,37]。

水溶性离子组分如 SO_4^{2-}、NO_3^-、Cl^-、NH_4^+、K^+、Na^+、Ca^{2+}、Mg^{2+} 等在大气颗粒物中占有很大比例,是大气颗粒物源解析所关注的主要化学成分。通过对气溶胶水溶性离子的深入探讨,有利于充分认识空气质量现状,而且对于研究清楚气溶胶的来源、形成和传输机制都具有深远意义[38-40]。其中 Cl^-、NO_3^- 和 SO_4^{2-}、F^- 等阴离子是气溶胶中主要的酸性水溶性离子,它们很容易成为大气中的云凝结核,通过改变云滴的散布和云的光学性质间接影响气候。

国外对气溶胶中颗粒物的研究较早,Andreae 等[41]研究了气溶胶活化性质对成云致雨的重要作用,研究结果表明气溶胶的化学组分非常复杂,可能含有无机化合物、碳单质及有机化合物。其中气溶胶中微量的水溶性物质,如水溶性有机物,都能对气溶胶活化性质和成云致雨起重要作用。Mouli 等[42]在 2001 年 4 月~2011 年 9 月,通过探讨 Tirupati 地区气溶胶中主要的水溶性离子的组分,分析了当地大气中主要的无机阴阳离子有 F^-、Cl^-、NO_3^-、SO_4^{2-}、Na^+、K^+、Mg^{2+}、Ca^{2+}、NH_4^+,测得当地气溶胶质量浓度为 55.6 $\mu g/m^3$ 时,水溶性阴离子和阳离子的总和达到 5.74 $\mu g/m^3$。

近年来,国内学者在大气颗粒物污染源的研究中取得一些成果,如于建华等[43]研究分析北京区域 PM_{10} 与 $PM_{2.5}$ 之间的相关性,研究表明:PM_{10} 受地域扬尘天气的影响较大,而 $PM_{2.5}$ 质量浓度随地域不同变化。张学敏等[44]讨论了厦门 $PM_{2.5}$ 的主要污染来源有汽车尾气排放源、工业源、土壤风沙尘及海盐粒子源,以及一些无法识别的来源。杨桂朋等[45]研究陆源污染物输入对中国近海气溶胶的影响,2007 年春秋季通过对山东半岛南部近海域进行气溶胶的采样研究表明,人类活动输入的污染源在山东近海域气溶胶中总的硫酸盐来源中占主体部分。

文彬等[46]研究了夏季黄山在不同高度下气溶胶中水溶性离子的分布特征,结果表明,山底、山腰和山顶的平均总离子质量浓度随高度增加呈递减趋势,黄山气溶胶中主要离子质量浓度依次为 $SO_4^{2-} > NH_4^+ > Ca^{2+} > NO_3^-$;其中 NH_4^+、SO_4^{2-} 分别为最主要的阳离子和阴离子。张帆等[47]探析了 2012 年秋季武汉地区 $PM_{2.5}$ 中的 9 种水溶性离子的质量浓度,发现各水溶性离子的比例相对稳定,其中最重要的水溶性离子有 3 种: NO_3^-、SO_4^{2-} 和 NH_4^+,且灰霾期的水溶性离子比例增大,它们可能来源于化石燃料燃烧、生物质燃烧、土壤扬尘、汽车尾气排放等过程;刘立等[48]开展了武汉地区大气颗粒物的理化特性,分析了 9 种水溶性离子、元素组分的质量浓度,发现颗粒物质量浓度、水溶性离子质量浓度呈现"冬高夏低"特征,而元素质量浓度呈现"春高夏低"的规律,可能是周边农业源排放颗粒物较多所致;并运用主成分分析法对两地城区大气颗粒物进行了来源解析,结果表明春节期间武汉地区地区细颗粒物的贡献源包括机动车尾气源、燃煤源、本地冶金源、二次无机源、烟花源、本地玻璃、水泥工业源和道路扬尘源,其贡献率分别为 20.7%、17.9%、13.8%、13.2%、9.2%、9.0%、5.4%。

到目前为止,虽然对武汉地区气溶胶的研究比较多,但大多集中于研究气溶胶的时空变化规律和来源解析过程,且持续的时间序列较短。缺乏对武汉地区气溶胶的长时序特性的分析以及对武汉地区气溶胶水溶性水溶性离子污染特性的探讨等。本书通过对气溶胶进行长时间序列的观测后,研究武汉地区气溶胶中水溶性离子的变化特征。

1.3.3   气溶胶中黑碳的研究进展

按照政府间气候变化专门委员会(Intergovernmental Panel on Climate Change,IPCC)第三次评估报告对黑碳的科学定义[49]:根据光吸收、化学反应或者热稳定性测量定义的一类气溶胶,它是由烟炱、木炭以及可以吸收辐射的耐火有机物组成。只要有含碳物质的燃烧发生,基本都会产生黑碳的排放。黑碳的排放主要可以分为自然源和人为源,其中自然源如火山爆发、森林大火等情况;人为源主要是化石燃料和生物燃料的燃烧。自然源是具有区域性和偶然性特征的,相反人为源则是长期的和持续的。因此化石燃料和生物燃料的燃烧是大气中黑碳的重要来源,汽车尾气、工业污染、秸秆燃烧以及城乡居民的炉灶等都会产生大量的黑碳微粒[50]。黑碳对从可见光至红外波长的范围的太阳辐射具有强烈的吸收作用[51],这会影响到太阳辐射的传输,加热大气,不仅会改变区域大气的稳定性和垂直作用,同时还会影响到区域间大尺度的环流及水循环[52]。因此黑碳对局部气候、全球的气候效应有着重大的影响。大气中含有大量的黑碳会明显降低当地的大气能见度。黑碳中的亚微米颗粒具有多孔结构的特征,这些颗粒吸收多环芳烃、重金属等一些致癌物质,会深入人体的呼吸系统,对人体的健康造成严重的威胁[14]。

黑碳在气溶胶中所占的比重不大,但是黑碳的光学性质与气溶胶其他组分有很大差别。黑碳是大气中太阳辐射的重要吸收体,与具有相同性质的其他颗粒物(如沙尘等)相比,其质量吸收系数要大两个数量级,和二氧化碳等温室气体相比,黑碳具有更宽的吸收波段[53]。黑碳的光学吸收特性会降低大气能见度,由于它对光的吸收作用,当黑碳含量过高时会影响对流层的平衡,以至影响到区域间或全球性的气候变化[54]。

我国是一个人口和资源消耗的大国,黑碳排放量在全球范围内比较高,被认为占全球总排放量的1/4,这使得我国的黑碳研究日益成为国内外科学家和学者关注的热点。黑碳本身的化学性质十分稳定,但是由于它在大气中的停留的时间较长,最长可达几个星期[55];再加上它本身具有很大的表面积和较强的吸附性,这使得在大气输送过程中,黑碳表面能吸附其他污染物,为许多污染物发生化学反应提供场所,同时还能对部分化学反应起催化作用。由于黑碳在大气中的停留时间较长,可以随气团作长距离输送[56]。因此,黑碳可以作为污染示踪剂表征气团传输过程。

黑碳作为大气中最重要的气溶胶之一,对太阳辐射具有强烈的吸收作用[57],能够影响大气环流、全球水分循环[58],破坏区域大气的稳定性,直接或者间接影响区域和全球的辐射效应、气候变化等,同时它能降低大气能见度,携带致癌物质对人体健康造成危害[59],因此关于黑碳的研究受到越来越多的关注。近几年,Sharma[60]研究了加拿大北极地区黑碳长期的质量浓度规律,;Murphy[61]使用连续黑碳观测数据分析了美国黑碳的时间变化,发现1994~2004年黑碳质量浓度降低了25%以上。在中国,黑碳的观测研究也取得不少进展,2009年刘新春对乌鲁木齐冬季黑碳进行观测研究[62];2010年Verma等[63]研究了珠三角地区广州市黑碳的时间变化;2012年姚青等[63]对天津城区秋冬季黑碳进行了观测分析,上海、南京等城市的黑碳观测研究也相继开展,这些研究揭示了不同城市黑碳的变化特征,阐明了黑碳的气候效应、环境效应和生物地球化学效应。

中国学者在黑碳质量浓度、气溶胶散射、吸收及消光3个系数以及气溶胶污染导致雾霾天气等方面做出了较为深入的研究。在黑碳的时空分布研究中,时间规律的研究主要倾向于黑碳的日变化趋势和季节变化;空间规律的研究主要是倾向于黑碳在城市市区和郊区的比较。肖秀珠[64]利用数据分析上海浦东(市区)和东滩(郊区)两地黑碳质量浓度在不同时间尺度上的空间变化特征。在区域的尺度上,目前北京、上海、广州、西安[65-69]等地的学者对当地的黑碳质量浓度、含量和时空分布特征都有一定的观测和研究。

目前有3个全球黑碳排放清单:Aerocom清单、SPEW清单和ACCMIP清单。张楠等[70]计算了中国大陆2008年黑碳排放清单,并在此基础上生成了$0.5°×0.5°$的中国黑碳排放空间分布图,中国大气中的黑碳主要分布在华南、华北和长江中下游地区,辽宁、山东、河北、河南、山西、江苏、安徽及湖北排放量较高。针对中国黑碳排放空间分布特征,Zhang等[71]针对2012年6月~2013年5月合肥的黑碳进行全年观测,分析季节、月及昼夜变化,识别黑碳来源。基于轨迹分析,发现黑碳污染主要有从局部地区、华北平原地区、从长江三角洲远距离运输三种方式；农业生物质燃烧对黑碳质量浓度的增强有显著影响，同时研究表明，在秋季黑碳吸收雾霾有更大影响。

从黑碳的全球分布来看，北半球的质量浓度要明显高于南半球，而中国东部就是质量浓度高值中心区之一[28]，目前关于武汉地区黑碳的基础观测研究较少，主要集中在黑碳与有机碳、颗粒物综合分析上。2011 年张宇尧[72]利用气溶胶的复折射指数首次反演得到武汉地区冬季黑碳和有机碳柱质量浓度。Gong 等[73]在 2014 年分析了 $PM_{2.5}$、PM_{10} 之间的特征及它们与黑碳的关系。

1.3.4　HYSPLIT 模型发展历程及在大气污染中的应用

HYSPLIT 模型(hybrid single particle Lagrangian integrated trajectory model)，又称为拉格朗日混合单粒子轨道模型，是由美国国家海洋和大气管理局(National Oceanic and Atmospheric Administration，NOAA)和澳大利亚气象局(Australian Bureau of Meteorology，ABOM)联合研发，主要用于解决实际应用中大气污染物的输送和扩散问题。在大气科学研究中，HYSPLIT 模型是使用最广泛的大气运输和分散模型之一，一般用于大气运输、污染物的分散和沉积及有害物质的各种模拟，包括跟踪和预测放射性物质的释放[74,75]、野火烟[76]、风吹尘[77]、来自各种固定和移动排放源的污染物[78]、过敏源、火山灰等，其中最常见的模型应用之一是轨迹模拟，通过空气气团轨迹分析，确定污染物的来源，并建立源-受体关系[79]。20 世纪 40～70 年代是 HYSPLIT 模型的萌芽阶段，这一时期研究工作主要集中在简单的单一轨迹估计和相关拓展工作，不断提高观测手段和计算方法。1980～2000 年是 HYSPLIT 模型快速发展阶段，第一代 HYSPLIT 模型诞生，它由传统的声雷达资料向多种气象数据转变，并对各种参数进行修改，发展综合的粒子、烟团模型，但是实践应用不多。从 2000 年开始，第二代、第三代、第四代 HYSPLIT 模型相继推出，它逐渐应用于轨迹模拟、沙尘模拟、对流层 O_3、SO_2、苯的模拟，以及火山喷发、森林火灾等各个领域中。在我国引入 HYSPLIT-4 模型后，在轨迹模拟研究中，取得不少成果。中国气象科学研究院的王亚强团队依据模型开发出 MeteoInfoMap 地图软件，提高了轨迹分析成果的可视化能力[80]；张芳等[81]在 2013 年模拟了瓦里关大气 CH_4 质量浓度变化，并对其来源和运输路径进行了模拟和解析，周沙[82]、葛跃[83]等分别于 2013 年、2017 年对上海和苏州无锡地区 $PM_{2.5}$ 的潜在源区及空气气团运动轨迹进行水平和垂直分析，为当地环境治理提供新思路。目前，HYSPLIT 模型已用于我国众多城市的污染物来源解析领域，并成为主要的研究方法和方向。

1.4　研究内容与数据处理方法

气溶胶是分散在大气中的液体和固体微粒,是影响大气环境质量的重要污染物质。本书利用气溶胶观测数据和主要污染物数据,运用 SPSS 分析软件及轨迹模型等方法,研究气溶胶主要组分的变化特征及相互关系,补充武汉地区内气溶胶的时空分布特征的分析和相关数据的记录,能够为武汉地区气溶胶观测提供第一手数据,完善我国气溶胶的系统观测研究工作,为探索灰霾监测评估方法积累一定的基础数据与实践经验。

1.4.1　研究内容

武汉地区是我国颗粒物排放的重要区域之一,颗粒物减排存在一定压力。其中黑碳作为颗粒物的成分之一其排放量较高,对区域气候和空气质量影响很大,因此应重点关注武汉地区黑碳的分布及其环境效应。目前对气溶胶理化特征、光学特征、能见度影响等的研究很多,但是区域性、长时间的黑碳变化特征研究比较少。本书首先在采集实验样品和整理相关数据资料的基础上,得到武汉地区气溶胶质量浓度的污染特征、常量元素的含量、水溶性离子的含量和黑碳的含量;其次观测和收集武汉地区每日风速、风向、日均温度和空气相对湿度等地面监测数据,以建立武汉地区气象因子与气溶胶各物质质量浓度之间的回归性关系,具体的分析思路如下。

（1）气溶胶的时空分布差异。通过对同一地点的月/季/年的气溶胶质量浓度数据进行对比,以及不同地点的月/季/年的数据,分析武汉地区黑碳的时空分布规律。

（2）结合观测点周围情况分析气溶胶的来源。各个观测点周围环境变化很大。通过分析观测点气溶胶的质量浓度数据,结合观测点附近的地理环境和污染特征,推测气溶胶的来源。

（3）大气污染物间的相关性关系分析。通过比较不同地点、不同时间段内的黑碳数据、水溶性离子数据、常量元素数据与其他空气污染物数据(如 SO_2、NO_2、NO、O_3 等),探究它们之间的相互关系。分析不同粒径颗粒物中离子之间相关系数的相对大小,对了解其来源和它们在气溶胶中的分布特性具有重要作用。

（4）与气象因子的相关性分析。气溶胶中不同粒径的颗粒物很容易受到外部条件的影响,其中气象因子的变化对颗粒物的影响最为明显。因此,讨论气象因子(温度、相对湿度、风速、风向、雨量等)对 $PM_{2.5}$、PM_{10} 和 TSP 的质量浓度变化具有重要的作用。

（5）气溶胶酸碱性分析。分析和探讨气溶胶颗粒物的污染特性及其水溶性离子的酸碱度特性,不仅能在一定水平上分析气溶胶的污染特性,而且能评价水溶性离子的酸性和碱性特征对降水过程的酸碱度的影响。

(6) 潜在源区的轨迹分析。利用 HYSPLIT 多受点前向轨迹模型、轨迹聚类分析法、质量浓度权重轨迹法和潜在源贡献因子法,对 2015 年 6 月～2016 年 5 月的区域垂直方向主要污染传输通道和潜在来源分布进行模拟研究,确定气团移动轨迹,研究其输送路径,给出潜在污染源区。

1.4.2　研究方案

以武汉地区为地域分析单元、以月为时间单元,分六大典型排放源,分别进行统计计算,建立不同月的元素/离子含量分布特征,从而获得代表性区域的相应数据。水溶性无机离子是气溶胶粒子中的重要组成部分,离子间的相关性分析可以为判断气溶胶粒子的来源提供依据(图 1-1、图 1-2)。相关分析是通过相关系数来衡量变量之间的紧密程度,在大气颗粒物中同一来源的物质在大气传输过程中保持着较好的定量关系。分析大气颗粒物中离子之间的相关系数的相对大小,将有助于了解其来源和它们在气溶胶中的分布特点。

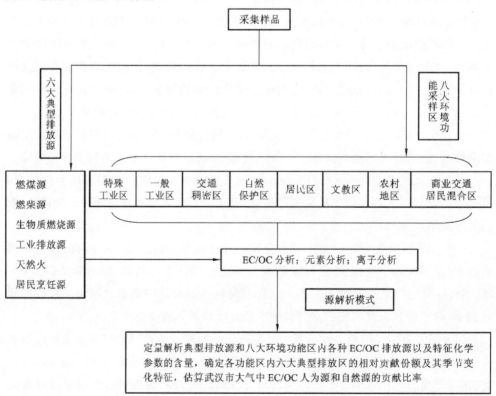

图 1-1　气溶胶中常量元素及水溶性离子的研究方案

注:EC 代表元素碳;OC 代表有机碳

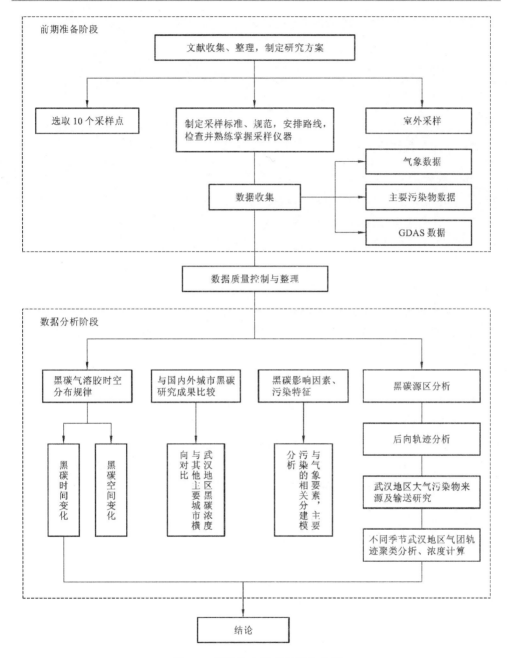

图 1-2 气溶胶中黑碳的研究方案

1.4.3 数据来源

根据美国国家气候数据中心(http://www.meicmodel.org/)的武汉市天河站点的风速(WS)、能见度(VSB)、温度(T)、气压(AP)数据作为武汉地区的常规气象数据。

使用武汉市环境保护局网站(http://www.whepb.gov.cn/)的空气污染物数据(PM$_{2.5}$、PM$_{10}$、SO$_2$、NO$_2$、O$_3$、CO)作为本地区的常规污染物数据。

1.4.4　分析方法

1. 多元线性回归分析

多元线性回归分析是多元统计分析中的一个重要方法,是指两个及以上的自变量与一个因变量的变动分析,常被应用于社会、经济、技术及众多自然科学领域的研究中[84]。它的基本原理是:假设预测目标(自变量)Y 与多个因变量 $X_1, X_2, \cdots, X_n$ 之间存在线性关系,则可建立它们之间的多元线性回归模型

$$Y = b_0 + b_1 X_1 + b_2 X_2 + \cdots + b_n X_n \tag{1-1}$$

式中:Y 为因变量;$X_1, X_2, \cdots, X_n$ 为自变量;b_0 为常数项;$b_1, b_2, \cdots, b_n$ 为 Y 对 X_1,$X_2, \cdots, X_n$ 的待定系数。线性回归分析一般步骤[85]包括:通过将已有数据带入线性回归方程,确定常数项及待定参数的值,并给出回归方程;对回归方程进行显著性检验,验证自变量与因变量是否存在显著线性关系,以确定方程是否可以用于预测;在方程可以用于预测的条件下,利用回归方程对今后的因变量进行预测。

通过多元线性回归模型,可以建立和检验因变量与自变量之间的线性关系,并且利用待定系数可以确定自变量中对因变量影响最大的几个因子。目前,它在污染源定量解析方面已经被广泛应用,将不同排放源的化学示踪物质进行多元线性回归分析,则可根据回归系数计算污染源的贡献率[86]。Simcik[87]和 Dong[88]分别利用此模型对芝加哥沿海地区以及中国部分地区的空气、灰尘中的 PAHs 进行分析,取得良好效果。

2. 后向轨迹分析

后向轨迹分析在解决区域空气污染问题的应用中比较常见,它依托 HYSPLIT 轨道模型,通过计算到达某地空气气团的回推轨迹来确定污染物的来源。简单来说,后向轨迹分析就是根据已经发生的历史气团运动轨迹还原污染物来源的过程。由于后向轨迹模式在输送、扩散和质量浓度计算上采取不同的计算方法,模拟结果较为精确,最小可以模拟到每小时,因此国内外常用于确定大气污染物的来源和运输路径等方面。

它的分析步骤如下。

(1)数据下载。后向轨迹模式所需数据主要有两种,第一种是美国国家海洋和大气管理局提供的 Reanalysis 数据,时间跨度为 1948 年 1 月~2017 年 4 月,空间跨度为 2.5°×2.5°。第二种就是美国国家环境预报中心的 GDAS 气象数据,其利用空间插值方法,按照 1°×1°的空间尺度将全球数据投影到地图上,并且从 2015 年开始记录,每 7 天资料为一个数据集,按每月进行保存,并持续更新。由于下载便捷,更新较快,因此相比第一种数据,GDAS 数据在实际应用中更具优势。

（2）建立轨迹，设置参数。确定研究区域的经纬度坐标，并将其作为后向轨迹起始点；高度层一般设置为 500 m，因为在这个高度上地面摩擦对气团轨迹的影响有限，同时能反映近地层的气团输送特征[89]；输入模型运行的气象数据在后向轨迹分析时自身日期应该在模拟时间之前；起始时间根据研究内容确定，需要注意的是，HYSPLIT-4 模式默认时间为 UTC 时间（格林尼治时间），与北京时间（东八区区时）相隔 8 h，所以当 UTC0 时，北京时间为 8 时。各城市当天发布的相关环保数据是由过去 24 h 逐时质量浓度值平滑处理得到，因此为了便于计算，模式起始时间一般设置为 8 时，模式顶高度为 10 000 m，后推时间一般为 3 天、5 天、7 天（按小时计算，具体根据需求）。以上是模式运行的前期准备。

（3）点击"Run Standard Model"，即运行轨迹，如果参数设置正确，自动等待运行 10 s，否则返回第一步，检查数据输入或参数设置是否输入正确。

（4）轨迹绘图。

（5）绘图参数设置，可以根据需要选择绘图类型（轨迹图）、投影类型、地图背景、时间标记和时间间隔（一般为 24 h）、垂直坐标类型（m-AGL）等。

（6）绘图结果显示。参数设置好之后，即可点击保存，得到后向轨迹图。后向轨迹分析流程图如图 1-3 所示。

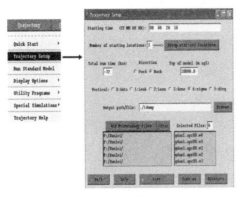

（a）建立轨迹

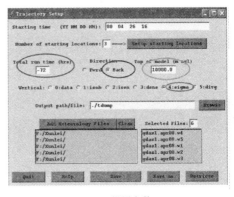

（b）设置参数

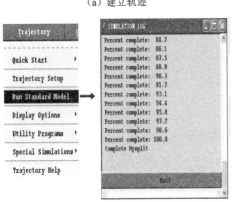

（c）运行轨迹

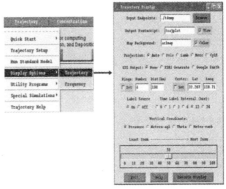

（d）轨迹绘图

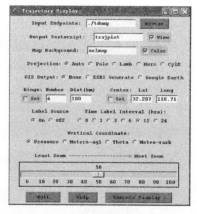

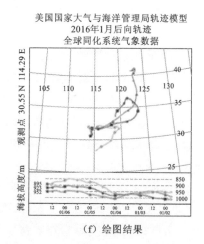

（e）绘图参数设置　　　　　　　　　　　（f）绘图结果

图 1-3　后向轨迹分析流程图

3. 轨迹聚类分析

聚类分析是指将物理或抽象对象的集合分组为由类似的对象组成的多个类的分析过程。基于气流轨迹的聚类分析方法是根据气流的空间相似度（传输速度和方向）对大量轨迹进行分组。轨迹聚类分析采用的是系统聚类法，它按照样本间的距离定义聚类类别，首先将每条轨迹作为 N 个不同的变量，使用离差平方和法（Ward 法）将欧氏距离平方和增加最少的两类合并为一类，依次类推，直到最后将所有轨迹合并为一类。每条轨迹间的距离根据欧氏距离为

$$d_{mm} = \sqrt{\sum_{i=1}^{z}((x_m(i)-x_n(i))^2 + (y_m(i)-y_n(i))^2)} \qquad (1\text{-}2)$$

式中：轨迹 m、n 由 z 个节点组成，$x_m(i)$、$y_m(i)$ 分别为轨迹 m 在第 i 个节点上的经纬度，$x_n(i)$、$y_n(i)$ 则为轨迹 n 在第 i 个节点上的经纬度。利用这个方法，可以得到几条方向、路径不同的主要气流轨迹，然后在它的基础上统计每条主要轨迹的聚类数和占比情况，计算污染物的质量浓度，即可综合分析每条气流轨迹对研究区域污染物的贡献状况[90]。

4. PSCF 分析

PSCF（potential source contribution function）分析，又叫潜在源区贡献因子分析，是基于气流轨迹发展而来的一种判断污染源可能方位的方法[91]。PSCF 函数定义本质上是一种条件概率，即到达研究区域的气团所对应的污染物指标值大于设定标准值的发生概率，它的数值为 0～1，并且当轨迹所对应的污染物指标值高于这个标准值时，一般认为该轨迹是污染轨迹，所以通过对 PSCF 较高值所对应区域的分析，可以帮助判断污染物的可能来源和范围。PSCF 值可以用经过某点 (i,j) 的污染

轨迹数 m_{ij} 与总轨迹数 n_{ij} 的比值[92]表示,PSCF 值越大,表明对应地区对研究区域污染物质量浓度的贡献越大,具体公式为

$$PSCF_{ij} = m_{ij}/n_{ij} \qquad\qquad (1\text{-}3)$$

式中:m_{ij} 为经过某点 (i,j) 的污染的轨迹数;n_{ij} 为总轨迹数。

当经过某地的气流停留时间较短时,PSCF 值会产生波动,具有较大的不确定性和一定的误差率,因此在实际应用中会引进权重函数 W_{ij},即经过研究区域的轨迹数处于不同的数量级时,赋予 PSCF 值不同的权重比例,以使其适应不同的气团轨迹来源分析,提高研究的科学性和准确率,公式[80]如下:

$$W_{PSCF} = W_{ij} \times PSCF$$

$$W_{ij} = \begin{cases} 1.00, & n_{ij} > 80 \\ 0.70, & 20 < n_{ij} \leqslant 80 \\ 0.42, & 10 < n_{ij} \leqslant 20 \\ 0.05, & n_{ij} \leqslant 10 \end{cases} \qquad (1\text{-}4)$$

利用此方法,将到达武汉地区($113°\sim116°E$,$29°\sim32°N$)气流轨迹所涉及区域进行网格化处理,分为空间尺度为 $1°\times1°$ 的网格,同时将黑碳阈值设为 6 000 ng/m³,模拟时间跨度为 2015 年 7 月~2016 年 6 月,即可了解不同区域对武汉市黑碳质量浓度潜在来源贡献及贡献率大小,对影响武汉市空气质量的潜在污染源进行空间识别和确认。

第 2 章　研究区概况

武汉位于长江中下游平原、江汉平原的东部,地理坐标为 113°41′~115°05′E,29°58′~31°22′N,平均海拔为 23 m。武汉地区面积为 8 494.41 km²。

2.1　环境条件

2.1.1　气候

武汉地处北回归线以北区域,是典型的亚热带季风气候,常年降雨量充足、热量充裕、光照充分,冬季寒冷,夏季炎热,四季较分明。其中夏季受副热带高气压带控制,盛行东南季风,雨热同期,冬季则受蒙古-西伯利亚高压影响,寒冷干燥。

武汉年均气温为 15.8~17.5 ℃,一年中,1 月日均气温最低,7 月日均气温最高。全年无霜期长,一般为 240 天;全年日照总时数为 1 810~2 100 h;全年总辐射量为 $1.04 \times 10^2 \sim 1.13 \times 10^2$ kal/cm²;全年降水量为 1 150~1 450 mm;降雨季节主要集中在每年 6~8 月,约占全年降水量的 40%。

2.1.2　土壤

武汉地区土壤分类比较复杂,可以细分为 8 个土类、17 个亚土类、56 个土属和 323 个土种。湖北省是我国主要的水稻产区,水稻土地面积比重较大,占总面积的 45.5%;黄棕壤占 24.8%,潮土占 17.0%,红壤占 11.2%,这 4 类土壤类型占武汉地区土壤总面积的 98%,构成武汉地区土壤的主体;其他土壤种类较少,如石灰土、紫色土、草甸土、沼泽土等,共占土壤总面积的 1.5%。

全市土壤酸碱度比较复杂,从酸性到碱性都有,但以偏酸性土壤为主,有机质状况比较丰富处于中等偏上水平,适宜各种作物生长。

2.1.3　植被

武汉地处北亚热带季风气候区,常年降水较多,光照充足,植被资源繁多。武汉地区内森林用地的面积达 250 万亩[①],其中林业面积为 220 万亩,其覆盖度达到 27.51%。区内有大范围的常绿阔叶林,从一定情况下反映了武汉地区森林体系的多样性。

武汉地区蕨类植物和种子植物有 107 科、608 属、1 065 种,具有南方植物和北方植物的区系组分。由常阔林和落阔林构成的混交林,是武汉最典型的植被形态。

武汉地区植物种类分布情况主要表现为:樟树、楠竹、杉木、叶茶、油茶、女贞、柑桔等主要分布在长江、汉江以南地区;马尾松、水杉、法桐、落羽松、栎、柿、粟等树种主要分布在长江、汉江以北地区。除此之外,大量的天然水生混生植物主要存在于武汉市蔡甸区的洪泛区;而苔草、菱蒿、芦苇、菰莲、蕨类等植物群落广泛分布在湖沼地区,在一定情况下反映了隐域性土壤的草甸沼泽化过程。

2.1.4　地形地貌

武汉地区的地质结构以新华夏结构体系为主,地貌形态属于鄂东南丘陵地带过江汉平原东部边缘向大别山南麓丘陵过渡的地带,中心相对低平,南北多为丘陵、垄岗,北部以低山为主。

2.1.5　水域

武汉是全世界水资源最丰富的特大城市之一,水域面积占全市市区面积的 1/4,构成了武汉气势恢宏、极具特色的滨江、滨湖水生态环境。

武汉全境水域面积为 2 217.6 km²,覆盖率为 26.10%,人均占有地表水为 11.4×10⁴ m²。武汉人均占有地表水量居世界大城市之首,是全世界水资源最丰

---

① 1 亩≈666.7 m²。

富的特大城市及中国最大的淡水中心。境内 5 km 以上河流 165 条,水面面积为 471.31 km²。

武汉现有大小湖泊 166 个,被称为"百湖之市",在正常水位时,湖泊水面面积为 803.17 km²,居中国城市首位。

2.1.6　生态环境

武汉是"国家园林城市",公园绿地面积为 7 016.89 hm²。人均公园绿地面积为 11.06 m²。建成区绿化覆盖率为 39.09%。森林覆盖率为 27.31%。2011 年,获"国家森林城市"称号。

2.1.7　人文条件

武汉市是湖北省的省会,坐落在长江中游平原、江汉平原的东部。交汇的长江和汉江将武汉市分为武昌、汉口和汉阳三个部分,水源充足。

武汉市有 13 个辖区,其中江岸区、江汉区、硚口区、汉阳区、武昌区、洪山区、青山区为中心城区,东西湖区、蔡甸区、江夏区、黄陂区、新洲区、汉南区为新城区。

武汉市"十三五"规划中提到进一步提升中部崛起和长江经济带的战略支点作用,基本形成"三中心、三武汉"国家中心城市功能框架。

武汉市工业集中,是中国重要的工业基地,拥有钢铁、汽车、光电子、化工、冶金、纺织、造船、制造、医药等完整的工业体系,对资源和能源的消耗量大,同时污染物的排放量也大。

截至 2017 年底,武汉市全市常住人口为 1 076.62 万人,土地面积为 8 569.15 km²,人口密度为 1 256 人/km²,居民车辆总数为 2 400 926 辆。另外,武汉工业集中,工业总产值达 13 159.09 亿元,对能源和化学燃料的消耗较大,工业废水、废气排放量大,其中化学需氧量排放达到 13.3 万吨,氨氮排放量为 1.6 万吨,废水排放总量为 91 018.61万吨,废气排放总量为 6 770.49 亿标立方米,SO_2 排放量为 7.1 万吨,氮氧化物排放量为 10.6 万吨,烟粉尘排放量为 5.41 万吨,工业固体废物产生量为 1 308.61 万吨,综合处理利用率达到 97.45%[106]。

2.2　武汉地区大气污染概况

2017 年上半年,武汉地区 SO_2、NO_2、PM_{10}、$PM_{2.5}$、CO 半年均值质量浓度分别为 11 μg/m³、52 μg/m³、97 μg/m³、58 μg/m³、1.1 μg/m³。首要污染物中,PM_{10}、$PM_{2.5}$、

SO_2 半年均值质量浓度有所下降，NO_2、CO 半年均值质量浓度和 O_3 日最大 8 h 滑动半年均值质量浓度有所上升。影响武汉市空气环境质量的主要大气污染物为气溶胶颗粒物；酸雨污染持续呈现好转趋势。

2.2.1　优良天数增加、重污染天数减少

图 2-1 是 2015～2017 年武汉地区空气质量指数类别分布图。2017 年武汉地区大气质量比 2015 年和 2016 年大气质量好，其中 2017 年全年大气质量水平均达到优良类别的天数为 257 天，优良率为 70.4%（2015 年为 49.6%，2016 年为 64.5%）。除此之外，轻度污染有 85 天（2015 年为 124 天，2016 年为 94 天）、中度污染有 14 天（2015 年为 30 天，2016 年为 29 天）、重度污染有 6 天（2015 年为 16 天，2016 年为 6 天）、严重污染有 1 天（2015 年为 3 天，2016 年为 0 天）。2017 年与 2015 年对比，空气质量表现为优良的时间增加了 65 天，严重污染天气减少了 2 天，空气质量改善成效明显。

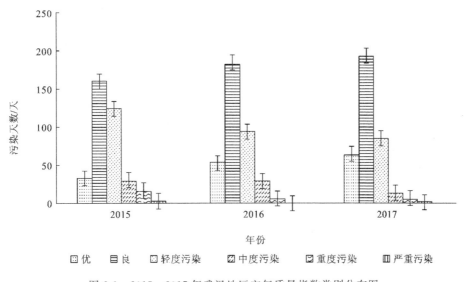

图 2-1　2015～2017 年武汉地区空气质量指数类别分布图

2015～2017 年主要污染物为 $PM_{2.5}$ 和 O_3，但呈现逐渐减少趋势，表明武汉地区霾污染有所减轻，夏季臭氧污染有所加重。根据 2016～2017 年武汉地区环境质量状况公报，2017 年上半年，首要污染物有 68 天为 $PM_{2.5}$，32 天为 PM_{10}，36 天为 O_3，24 天为 NO_2，3 天为 NO_2 和 PM_{10}，1 天 $PM_{2.5}$、PM_{10}、O_3 和 PM_{10} 同为首要污染物。2017 年上半年与 2016 年上半年相比，首要污染物为 $PM_{2.5}$ 的天数大幅减少（少 17 天）；首要污染物为 PM_{10}、O_3、NO_2 的天数均有所增加，分别增加 2 天、6 天、9 天。

2.2.2 主要污染物年均质量浓度下降

表 2-1 是 2015～2017 年以来武汉地区主要污染物年均质量浓度变化表,可以看出 SO_2、NO_2、PM_{10} 及 $PM_{2.5}$ 质量浓度均呈下降趋势,说明大气质量状况呈现好转。

表 2-1　2015－2017 年武汉市主要污染物年均质量浓度变化一览表

污染物名称	年份	日均质量浓度	年均质量浓度
SO_2	2015	6～79 μg/m³	18 μg/m³
	2016	3～52 μg/m³	11 μg/m³
	2017	3～32 μg/m³	10 μg/m³
NO_2	2015	13～126 μg/m³	52 μg/m³
	2016	14～117 μg/m³	46 μg/m³
	2017	23～1 177 μg/m³	56 μg/m³
PM_{10}	2015	12～282 μg/m³	104 μg/m³
	2016	10～296 μg/m³	92 μg/m³
	2017	10～5 007 μg/m³	79 μg/m³
$PM_{2.5}$	2015	11～280 μg/m³	70 μg/m³
	2016	7～199 μg/m³	57 μg/m³
	2017	9～273 μg/m³	61 μg/m³
CO	2015	0.4～2.6 mg/m³	1.1 mg/m³
	2016	0.4～2.1 mg/m³	1.0 mg/m³
	2017	1.2～5.3 mg/m³	1.4 mg/m³
O_3	2015	6～238 μg/m³	93 μg/m³
	2016	4～228 μg/m³	89 μg/m³
	2017	4～1 367 μg/m³	68 μg/m³

2.2.3 新城区空气质量优于中心城区

根据 2017 年上半年武汉市环境保护局官网公布的空气质量数据,选取武汉市的 10 个国家级环境空气质量观测点(汉口花桥、汉口江滩、东湖梨园、武昌紫阳、汉阳月湖、沌口新区、吴家山、东湖高新、青山钢花为国家空气质量控制点,并将远离市区的沉湖七壕设置为城区对照点)。经过对比分析可以看出,位于工业区的青山钢花的 $PM_{2.5}$ 日均质量浓度为 69 μg/m³;其次是位于新城区的沌口新区观测点和东湖高新观测点,其 $PM_{2.5}$ 日均质量浓度为 60 μg/m³;位于中心城区的吴家山观测点和汉口花桥观测点其 $PM_{2.5}$ 日均质量浓度分别为 59 μg/m³ 和 57 μg/m³;$PM_{2.5}$ 日均质量浓度最低的是位于风景区的东湖梨园、沉湖七壕,均为 $53~\mu g/m^3$。从以上数据可以看出,2017 年上半年环境空气质量综合指数较低的点位主要分布在开发区、风景区等新城区,其空气质量普遍优于中心市区的人口集中区和工业区。

第 *3* 章 气溶胶中常见组分的质量浓度分布特征

3.1 气溶胶中 18 种常量元素质量浓度分布特征

3.1.1 样品采集

1. 混合样品采集地点

连续采样地点(图 3-1)位于湖北大学资源环境学院六楼楼顶,采样高度距地面约 22 m。湖北大学校内无明显的大气污染源,主要包括教学区(小型学生实验)、教工住宅区域。所采集的污染物可以作为科教居民混合功能区的代表。

2. 典型污染源样品采集地点

结合武汉地区的实际情况,参照污染源的种类采集 6 大类主要污染源,分别为建筑源、交通源、工业源、餐饮源、生物物质燃烧源和居民烹饪源,具体采样地点如下。

(1) 建筑源采集于武昌区沙湖友谊国际附近的建筑工地,采集 3 次平行样品;

(2) 交通源采集于武昌火车站站前交通主干道,采集 3 次平

图 3-1　观测点分布图

行样品；

（3）工业源采集于青山区红钢城地区（主要采集武汉联合钢铁总公司所在区域的气溶胶），采集 3 次平行样品；

（4）餐饮源采集于青山区学院路路旁饮食摊点所排放的粉尘，采集 3 次平行样品；

（5）生物物质燃烧源采集于武汉市新洲区附近秸秆焚烧所产生的粉尘，采集 3 次平行样品；

（6）居民烹饪源采集于青山区惠誉花园居民居住区，采集 3 次平行样品。

3. 采样时间

按《大气环境质量标准》（GB 3095—2012）及各项污染物数据统计的有效法规定中有关颗粒物采样的规定，定点观测点的冬秋季样品是采集 2007 年 11 月至 2008 年

4月,共6个月,每月采样12天,每天采样12 h。

每个典型污染源观测点各采集一套样品,每套样品采集3天作为平行样品,进行平均化处理,使之更接近真实状况,每天采样时间为12 h。

采样器使用便携式低流量采样器采集TSP样品,流量为16.7 L/min,同步记录采样期间的天气状况。实验使用微纤维石英滤纸(47 mm,Whatman公司,英国)采集,空白滤纸和采样滤纸要求的称重误差分别小于15 μg和20 μg。

3.1.2　样品分析

质子激发X荧光(PIXE)分析装置外束引出窗口采用7.5 μm厚Kapton膜。为了保护加速器系统,在外束管道中安装快速真空保护阀,考虑到绝缘样品不能直接测量束流积分,在RBS靶室放置175 nm金箔,并建立了RBS峰面积和束流积分之间的关系,这样在采集外束PIXE能谱的同时,通过记录金箔RBS信号就可获得束流积分。用于元素分析的是质子激发X荧光分析,得到了Zr、Cr、S、Cl、K、Ca、Ti、V、Sr、Mn、Fe、Ni、Cu、Zn、As、Se、Br、Pb共18种元素的质量浓度。

3.1.3　TSP中18种元素组成特征

分析气溶胶的元素组成不仅可以了解气溶胶的性质、危害程度,还可以作为间接判断其来源的重要依据。

将研究区冬秋两季的气溶胶元素日均质量浓度列于表3-1。可以看出本区气溶胶的主要组成元素为S、Cl、Ca、K和Fe,这些元素的日均质量浓度大于0.5 μg/m³,约占分析元素总质量浓度的94%。

表3-1　TSP中18种元素的日均质量浓度　　　　　（单位:μg/m³)

元素	S	Cl	K	Ca	Ti	V	Cr	Mn	Fe
秋季	3.01	0.59	1.23	3.69	0.095	0.006 3	0.013	0.072	1.99
冬季	3.88	1.09	1.83	5.97	0.184	0.007 2	0.014	0.124	3.44
元素	Ni	Cu	Zn	As	Se	Br	Sr	Zr	Pb
秋季	0.017	0.018	0.19	0.033	0.011	0.024	0.024	0.030	0.17
冬季	0.016	0.020	0.29	0.034	0.012	0.030	0.044	0.022	0.24

对比秋冬两季气溶胶主要元素的质量浓度变化特征,基本为冬季>秋季的规律,这与TSP的季节变化规律一致,代表了环境总体特征。但组成气溶胶的微量元素如Ni、Zr,并非存在这种规律,这说明集合指标TSP能较合理地反映大气环境的总体状况,而部分元素指标则更多地代表不同源的特征。

3.2　气溶胶中颗粒物组分质量浓度分布特征

3.2.1　样品采集

本研究所选取的观测点位于武汉市武昌区湖北大学资源环境学院六楼楼顶。

采样器使用便携式低流量采样器采集 TSP 样品,流量为 16.7 L/min,同步记录采样期间的天气状况。实验使用微纤维石英滤纸(47 mm,Whatman 公司,英国)采集,空白滤纸和采样滤纸要求的称重误差分别小于 15 μg 和 20 μg。

本研究采样的时间从 2012 年 11 月～2013 年 11 月,共采集样品 459 组。其中 $PM_{2.5}$ 样品 152 组,采样过程中由于更换滤膜数据异常的有 18 组,数据有效率为 88.16%;PM_{10} 样品为 154 组,由于滤膜破损不达标的样品数据有 4 组,数据有效率为 97.40%;获得 TSP 样品 153 组,数据有效率为 100%。

本研究采用微纤维石英滤纸(47 mm,Whatman 公司,英国)收集气溶胶中的 $PM_{2.5}$、PM_{10} 和 TSP。鉴于微纤维石英滤纸,易于受空气中水蒸气的影响,从而改变滤纸上颗粒物的重量,在采样前将空白对照滤纸放在马沸炉(上海试验仪器厂)中在 800 ℃高温下预烧 3 h,去除可能的碳物质污染,预处理后放入干燥箱内,在恒温恒湿的环境中 24 h 保持至恒重,然后使用灵敏度为 1 μg 的电子微量天平(Mettle M3,Switzerland)称重。称好后的空白微纤维石英滤纸保存于聚苯乙烯皮氏皿中,并用铝箔纸封紧皮氏皿,将其放置在恒温为 4 ℃冰箱内冷冻收藏,待用。采集样品后的微纤维石英滤纸称重测量结束后,重新放回到皮氏皿中,用铝箔纸封藏,等待进一步处理。空白对照滤纸和用于采集样品的滤纸要求称重误差值要分别小于 15 μg 和 20 μg,若是超过要求的阈值,必须要重新称重,且在每一次称量前,微纤维石英滤纸需置于干燥器中平衡一天。空白滤纸如果放置的时间较长,应将其进行冷冻保存,如果放置时间短,冷藏即可。采集样品之前冷藏保存纤维滤膜的目的是防止滤纸受污染,采集样品之后冷藏保存滤膜的目的是防止样品受外部因素污染和阻止样品的挥发。

3.2.2　$PM_{2.5}$、PM_{10}、TSP 质量浓度季节变化

2012 年 11 月～2013 年 11 月,共采集气溶胶样品 459 组,利用采集的数据分别绘制 $PM_{2.5}$、PM_{10}、TSP 质量浓度季节分布图,结果如图 3-2～图 3-4 所示。

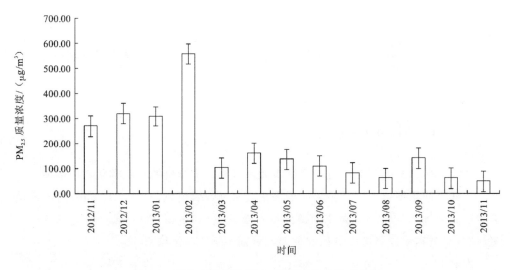

图 3-2 　湖北大学地区 PM$_{2.5}$ 质量浓度月际变化图

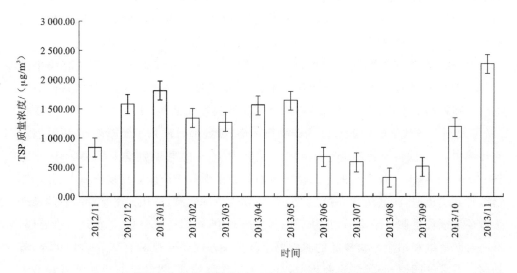

图 3-3 　湖北大学地区 TSP 质量浓度月际变化图

1. PM$_{2.5}$ 质量浓度季节变化

PM$_{2.5}$ 的年均质量浓度为 184.10 $\mu g/m^3$，最大值出现在 2013 年 2 月（图 3-2），质量浓度为 560.50 $\mu g/m^3$；最小值出现在 2013 年 11 月，质量浓度为 51.62 $\mu g/m^3$。季节变化表现出冬季＞春季＞夏季＞秋季，平均质量浓度分别为 366.29 $\mu g/m^3$、136.22 $\mu g/m^3$、86.78 $\mu g/m^3$、86.40 $\mu g/m^3$。

2. TSP、PM$_{10}$ 质量浓度季节变化

TSP 质量浓度的年均值为 1 201.74 $\mu g/m^3$，从图 3-3 可以看出，TSP 质量浓度最

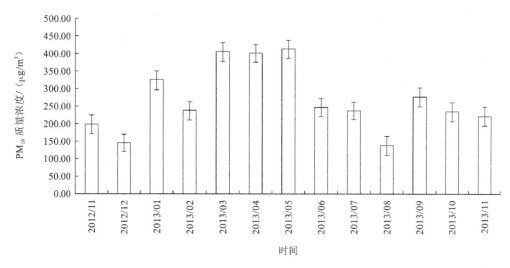

图 3-4　湖北大学地区 PM_{10} 质量浓度月际变化图

大值出现在 2013 年 11 月,质量浓度为 2 264.45 $\mu g/m^3$,最小值出现在 2013 年 8 月,质量浓度为 324.50 $\mu g/m^3$。季节变化表现出春季(3 月～5 月)＞秋季(9 月～11 月)＞冬季(11 月～次年 2 月)＞夏季(6 月～8 月),季节平均质量浓度分别为 1 494.33 $\mu g/m^3$、1 394.29 $\mu g/m^3$、1 321.53 $\mu g/m^3$、632.62 $\mu g/m^3$。

　　秋冬季节不同时段 TSP 质量浓度存在明显的季节差异,基本上冬季气溶胶质量浓度高,秋季质量浓度低。说明气溶胶质量浓度不仅与排放情况有关,还受气候条件的影响较大,冬季静风频率高,风速小,气象条件不利于污染物扩散,污染较为严重。

　　图 3-4 是 PM_{10} 质量浓度月际变化图。PM_{10} 年均质量浓度为 270.01 $\mu g/m^3$,最大值出现在 2013 年 5 月,质量浓度为 415.58 $\mu g/m^3$,最小值出现在 2013 年 8 月,质量浓度为 140.38 $\mu g/m^3$。季节变化表现出春季＞秋季＞冬季＞夏季,质量浓度分别为 409.83 $\mu g/m^3$、246.41 $\mu g/m^3$、227.92 $\mu g/m^3$、209.93 $\mu g/m^3$。

　　从以上分析可得,TSP 质量浓度大于 PM_{10} 质量浓度,TSP 质量浓度和 PM_{10} 质量浓度的季节性变化趋势基本表现相同,即春季＞秋季＞冬季＞夏季。而 $PM_{2.5}$ 质量浓度的季节分布规律为冬季＞春季＞秋季＞夏季,与 PM_{10} 质量浓度和 TSP 质量浓度的波动差异较多,具体原因需要进一步验证和讨论。

　　$PM_{2.5}$ 质量浓度、PM_{10} 质量浓度、TSP 质量浓度呈季节性变化的主要原因为[93]:

　　(1)春末夏初冷气流活动减缓,此时南方暖气流逐渐活跃,造成武汉地区大风降雨或连续阴雨的天气频繁发生,武汉地区空气质量明显改善。随着气候变暖,气温逐渐升高,裸露的地表土壤遭遇大风天气后容易被扬起[33-35],使大气中颗粒物质量浓度进一步升高。另外,3～5 月是北方沙尘暴的多发月,浮尘随着大气环流的扩散沿途沉降,对武汉地区颗粒物含量的增多造成影响。当武汉地区刚进入夏季时,长江中下游地区受到中纬度西风环流和副高等天气系统的影响[35],这一带暴雨天气频发,而此时武汉地区空气质量达到全年最好。到了 7 月、8 月,武汉地区天气状况炎热,光照强烈,气温达到全年最高,在副热带高压的控制下,局部对流异常旺盛,加快了大气污染物的传输能力。

（2）从秋季进入冬季污染物质量浓度出现迟缓的上升,但上升范围不大。伴随着气温的降低,大气中颗粒物的活性也逐渐降低,进入冬季后,颗粒物质量浓度在 1 月达到最大值,到 2 月开始回落。这可能是武汉地区冬季取暖,空气干燥带来的灰尘飞扬,以及污染物排放增加所致[94,95];另外武汉地区受冬季季风气候的影响十分明显,白昼日照时间很短,夜晚地表长波热辐射变强,使其在较晴朗少风的夜间,很容易形成大气逆温层,使污染物向外扩散稀释能力降低,武汉地区空气质量在这段时间较差[96]。

（3）武汉地区属亚热带季风性湿润气候区,夏季高温多雨,对污染物具有扩散、稀释作用[36-38];冬季气温稍低且空气潮湿,经常会伴有雾产生,这种条件非常有利于近地面大气层保持稳定状态,使逆温强度增大,不利于大气污染物在垂直方向和水平方向的扩散[39],加重了颗粒物的积聚污染。

（4）植物的吸附效应影响。夏季植物生长旺盛,植物叶面积增大,有利于植物对大气中污染颗粒物的滞留,而冬季植物的代谢和光合作用都比较弱,对大气中颗粒物的滞留作用也较弱[97]。

（5）"十二五"规划以来武汉市推动大规模城市建设,产生了大量的建筑扬尘、道路扬尘;由于经济建设需要钢铁冶金、合金制作和工业燃油等,这些产业的大力发展产生了大量煤烟尘;空气中二次硫酸盐、机动车尾气尘、二次硝酸盐的相互转换[40]及季风的变化等因素都会影响气溶胶颗粒物质量浓度的季节性变化。

3.3　气溶胶中水溶性离子质量浓度分布特征

探讨气溶胶中的颗粒物及水溶性离子的污染特性和分布规律,弄清气溶胶中水溶性离子对大气污染的贡献,对防治气溶胶中颗粒物对空气污染具有重大作用,对武汉市的空气污染防治工作具有参考指导作用。

3.3.1　样品采集

本研究所选取的观测点位于武汉市武昌区湖北大学资源环境学院六楼楼顶,观测点距离地面大约 22 m。

采样器使用便携式低流量采样器采集 TSP 样品,流量为 16.7 L/min,同步记录采样期间的天气状况。实验使用微纤维石英滤纸（47 mm,Whatman 公司,英国）采集,空白滤纸和采样滤纸要求的称重误差分别小于 15 μg 和 20 μg。

使用 Dionex-600 型离子色谱仪(美国 Dionex 公司),包括 EG50 四元梯度泵、LC25 柱温箱、ED50A 电导检测器、AS50 自动进样器、Chromeleon 色谱工作站,具体参数见表 3-2。

表 3-2 Dionex-600 型离子色谱仪工作参数

类别	阳离子	阴离子
色谱柱	CG12A 阳离子保护柱 CS12A 阳离子分析柱	AG11-HC 阴离子保护柱 AS11-HC 阴离子分析柱
抑制器	CAES 抑制器 (自动循环再生模式,抑制电流 65 mA)	ASRS ULTRA II 4 mm 抑制器 (自动循环再生模式,抑制电流 62 mA)
柱温	30 ℃	30 ℃
淋洗液	20.0 mmol 甲基磺酸(MSA)作为淋洗液	25.0 mmol 氢氧化钾(KOH)作为其淋洗液
流速	1.0 mL/min	1.0 mL/min
进样体积	100 μL	100 μL

本研究采样的时间从 2012 年 11 月开始到 2013 年 11 月结束,共采集气溶胶样品 459 组。

样品预处理过程后,称好后的空白微纤维石英滤纸保存于聚苯乙烯皮氏皿中,并用铝箔纸封紧皮氏皿,将其放置在恒温为 4 ℃冰箱内冷冻收藏,待用。

3.3.2 样品分析

1. 水溶性离子测定方法与步骤

将纤维聚酯膜样品置于-18 ℃的环境下避光保存待分析。分析前取 1/2 的纤维聚酯膜放入塑料瓶中,加入 30 mL 去离子水(18.2M cm),超声 30 min 浸提气溶胶中的水溶性成分,浸提液通过滤膜(孔径 0.45 m,德国 Membrana 公司,MicroPES)过滤后,利用 Dionex-600 型离子色谱仪(美国 Dionex 公司)分析样品中阳离子(Na^+、NH_4^+、K^+、Mg^{2+}、Ca^{2+})和阴离子(Cl^-、NO_3^-、SO_4^{2-})的含量。每分析十个样品随意挑选一个实验样品进行重复试验(即 10% 的重复测试率)。经查验各种离子的重复测试结果发现相对标准偏差的 RSD 都小于 3.5%,表明该试验的稳定性好。

本研究在检测阳离子过程中分别采用 CS12A 色谱柱、CSRS 抑制器,淋洗液为 22 mmol/L 的 MSA,流速为 1 mL/min。阴离子检测分别采用 DionexAS14A 分离柱和 MMS 抑制器,淋洗液为 3.5 mmol/L Na_2CO_3 和 1 mmol/L $NaHCO_3$,流速为 1 mL/min,Na^+、NH_4^+、K^+、Mg^{2+}、Ca^{2+}、Cl^-、NO_3^-、SO_4^{2-} 的检测限分别为:0.001 mg/L、

0.001 mg/L、0.002 mg/L、0.001 mg/L、0.003 mg/L、0.002 mg/L、0.005 mg/L、0.004 mg/L。

2. 测定颗粒物中可溶性离子的质量控制

为确保观测点监测数据的准确度,在操作过程中产生的无效数据、数值突变的数据、负值、孤立数据、报错时所读数据、零值等进行筛选和剔除。在样品初处理过程中,首先裁取 1/4 微纤维石英滤膜放到 Falcon 聚丙烯离心管中,加入 10 mL 二次去离子水(18.2 MΩ)密封提取(Teflon 滤膜先加 100 L 无水乙醇润湿),超声波处理 4×15 min,为防止样品中 NH_4^+ 因振荡升温挥发,每次振荡时间为 15 min;超声提取的溶液均静置 24 h 后用 0.45 μm 水系过滤头过滤到 PolyVialR 聚苯乙烯经行瓶中待测。

表 3-3 列出了气溶胶滤膜样品的最低可定量限(lowest quantifiable limit,LQL,用野外空白样品测试值标准离差的 3 倍来确定),所有采集样品中各颗粒物中可溶性离子的质量浓度均远高于各自的 LQL;同时,通过对相同样品进行不同时间的重复实验,一般重复进行 10 次以上的实验分析,以便分析出重复测试结果的相对标准偏差(related standard deviation,RSD),计算表明各种离子的 RSD 值都小于 3.5%(表 3-3),表明试验的稳定性很好。

表 3-3 气溶胶样品离子色谱分析的最低可定量限与相对标准偏差

离子	LQL/(ng/m³)	RSD/%	离子	LQL/(ng/m³)	RSD/%
Na^+	1.2	0.8	F^-	0.2	1.4
NH_4^+	0.1	1.1	Cl^-	0.6	0.5
K^+	0.2	1.8	NO_2^-	0.01	3.2
Mg^{2+}	0.5	1.4	SO_4^{2-}	3.6	0.6
Ca^{2+}	1.2	2.6	NO_3^-	0.2	0.5

注:LQL 为最低可定量限值;RSD 为相对标准偏差。

本研究利用上述处理方法,对位于湖北大学资源环境学院六楼楼顶的监测站采集的 PM_{10} 微纤维石英滤膜、TSP 微纤维石英滤膜、$PM_{2.5}$ 微纤维石英滤膜进行水溶性离子质量浓度分析,对气溶胶样品的测定结果均进行野外空白校正,最后计算出各不同粒径颗粒物中水溶性离子组分的质量浓度值,以便为后期的分析提供数据支撑。

3.3.3 气溶胶中水溶性离子组分特征

1. 离子年均质量浓度分布特征

使用 Dionex-600 型离子色谱测定仪分别对 $PM_{2.5}$、PM_{10} 和 TSP 中的 13 种水溶

性离子进行测定，最后监测的离子共 11 种，其中阳离子有 NH_4^+、K^+、Na^+、Ca^{2+}、Mg^{2+}；阴离子有 F^-、Cl^-、NO_2^-、SO_4^{2-}、Br^- 和 NO_3^-。表 3-4 是湖北大学地区气溶胶不同粒径颗粒物中水溶性离子的年均质量浓度统计表。

表 3-4　湖北大学地区气溶胶中水溶性离子年均质量浓度分布表　　（单位：mg/L）

类别 阴阳离子	PM$_{2.5}$中的水溶性离子		PM$_{10}$中的水溶性离子		TSP 中的水溶性离子	
	平均质量浓度	质量浓度范围	平均质量浓度	质量浓度范围	平均质量浓度	质量浓度范围
Na^+	0.96±0.31	0.03~1.48	0.94±0.30	0.19~1.46	1.05±0.32	0.46~2.06
NH_4^+	0.61±0.77	0.01~4.50	0.46±0.76	0.00~4.39	1.21±1.09	0.01~4.62
K^+	0.26±0.29	0.00~2.01	0.18±0.22	0.00~1.14	0.45±0.34	0.03~1.51
Mg^{2+}	0.08±0.07	0.00~0.46	0.07±0.04	0.01~0.17	0.14±0.08	0.02~0.41
Ca^{2+}	0.90±0.81	0.04~6.87	0.72±0.21	0.15~1.29	1.64±0.92	0.57~4.28
F^-	0.08±0.18	0.01~1.62	0.05±0.05	0.00~0.19	0.11±0.14	0.01~0.45
Cl^-	0.25±0.29	0.06~2.27	0.28±0.18	0.04~0.95	0.53±0.42	0.09~2.04
NO_2^-	0.09±0.10	0.00~0.36	0.07±0.07	0.00~0.29	0.09±0.09	0.00~0.38
SO_4^{2-}	3.20±3.04	0.40~20.64	2.03±2.36	0.31~16.1	4.88±3.41	0.60~15.14
Br^-	1.32±1.45	0.33~4.31	1.69±1.63	0.30~6.14	4.18±3.04	0.05~10.20
NO_3^-			1.12±1.75	0.02~11.01	3.18±3.26	0.24~17.35

结合表 3-4 和图 3-5，可以看出在 PM$_{2.5}$中可溶性离子质量浓度从大到小依次为 $SO_4^{2-}>Br^->Na^+>Ca^{2+}>NH_4^+>K^+>Cl^->NO_2^->F^->Mg^{2+}$。

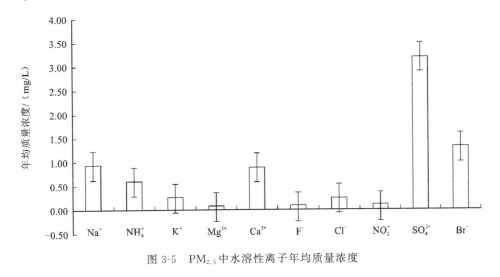

图 3-5　PM$_{2.5}$中水溶性离子年均质量浓度

从表 3-4 可以发现，PM$_{10}$中可溶性离子质量浓度低于 PM$_{2.5}$中可溶性离子质量浓度，说明气溶胶中主要颗粒物为 PM$_{2.5}$。

图 3-6 反映的是 PM$_{10}$中水溶性离子年均质量浓度的变化趋势，从图中可以明显

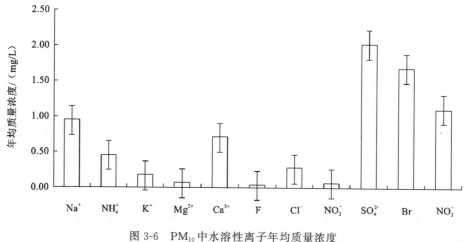

图 3-6 PM_{10} 中水溶性离子年均质量浓度

地看出在 PM_{10} 中水溶性离子质量浓度从大到小依次为 $SO_4^{2-} > Br^- > NO_3^- > Na^+ > Ca^{2+} > NH_4^+ > Cl^- > K^+ > NO_2^- > Mg^{2+} > F^-$。

从图 3-7 可以看出 TSP 中水溶性离子质量浓度从大到小依次为 $SO_4^{2-} > Br^- > NO_3^- > Ca^{2+} > NH_4^+ > Na^+ > Cl^- > K^+ > F^- > Mg^{2+} > NO_2^-$。

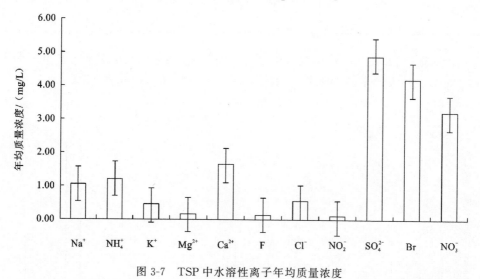

图 3-7   TSP 中水溶性离子年均质量浓度

与 $PM_{2.5}$ 中水溶性离子的质量浓度和 PM_{10} 中水溶性离子的质量浓度对比发现，TSP 中水溶性阳离子的质量浓度要比前两者都高。说明气溶胶中主要的颗粒物以 TSP 为主，$PM_{2.5}$ 也占很大比重。

2. 气溶胶水溶性离子组分特征分析

$PM_{2.5}$ 中 5 种水溶性阳离子质量浓度所占比例：NH_4^+ 的平均质量浓度为

0.61 mg/L,占 $PM_{2.5}$ 离子总质量浓度的 7.85%;K^+ 的年均质量浓度为 0.26 mg/L,占 $PM_{2.5}$ 离子总质量浓度的 3.36%;Na^+ 平均质量浓度为 0.96 mg/L,占 $PM_{2.5}$ 离子总质量浓度的 12.35%;Ca^{2+} 的平均质量浓度为 0.90 mg/L,占 $PM_{2.5}$ 离子总质量浓度的 11.60%;Mg^{2+} 的平均质量浓度为 0.08 mg/L,占 $PM_{2.5}$ 离子总质量浓度的 1.07%。说明在 5 种阳离子中,Na^+ 和 Ca^{2+} 是 $PM_{2.5}$ 中水溶性组分的最主要的阳离子成分。

$PM_{2.5}$ 中 5 种水溶性阴离子质量浓度所占比例:F^- 平均质量浓度为 0.08 mg/L,占 $PM_{2.5}$ 离子总质量浓度的 1.08%;Cl^- 平均质量浓度为 0.25 mg/L,占 $PM_{2.5}$ 离子总质量浓度的 3.24%;NO_2^- 平均质量浓度为 0.10 mg/L,占 PM2.5 离子总质量浓度的 1.28%;SO_4^{2-} 平均质量浓度为 3.20 mg/L,占 $PM_{2.5}$ 离子总质量浓度的 41.21%;Br^- 平均质量浓度为 1.32 mg/L,占 $PM_{2.5}$ 离子总质量浓度的 16.96%。表明在这五种阴离子中 SO_4^{2-} 的含量最高占 $PM_{2.5}$ 离子总质量浓度的 41.21%,其次是 Br^- 占 $PM_{2.5}$ 颗粒物总质量浓度的 16.96%,而 F^- 和 NO_2^- 含量较低,表明 SO_4^{2-} 和 Br^- 是 $PM_{2.5}$ 中主要的水溶性阴离子。

图 3-8 所示为 PM_{10} 中水溶性离子含量,其中 5 种阳离子中 Na^+ 的含量最高;在 5 种阴离子中 SO_4^{2-} 的含量最高,其次是 Br^-。在 PM_{10} 水溶性离子中 Na^+、Ca^{2+} 和 NH_4^+ 是主要的水溶性阳离子,而 SO_4^{2-}、Br^- 和 NO_3^- 是主要的水溶性阴离子,而 K^+、Mg^{2+}、NO_2^-、Cl^- 和 F^- 在 PM_{10} 中的含量较低,对 PM_{10} 影响较小。

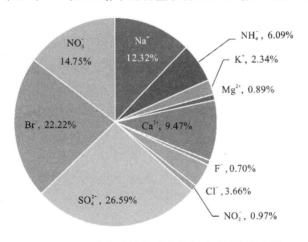

图 3-8 PM_{10} 中水溶性离子占总离子质量浓度比例

TSP 中各水溶性离子质量浓度所占百分比(图 3-9)的大小顺序为:$SO_4^{2-} > NO_3^- > Br^- > Ca^{2+} > NH_4^+ > Na^+ > K^+ > Cl^- > F^- > NO_2^- > Mg^{2+}$,其中 Ca^{2+} 和 NH_4^+ 和 Na^+ 是 TSP 中最主要的水溶性阳离子;SO_4^{2-}、NO_3^-、Br^- 是 TSP 中最主要的水溶性阴离子。

根据华蕾等[34]的研究成果表明,SO_4^{2-} 主要来源于取暖燃煤和机动车排放;大气

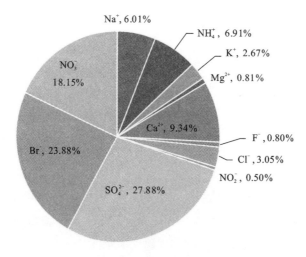

图 3-9　TSP 中水溶性离子组分占总离子质量浓度比例

中的 NO_x 主要来源于高温条件下的矿物燃料的燃烧过程,例如汽车燃烧的石油、农田生物质燃烧等;NH_4^+ 主要来源于城市周边的农田施肥、牲畜喂养、农业水利灌溉和有机质的降解等,铵盐主要来源于 NH_3 在大气中的转化,而且 NH_3 会以每小时30% 的速度快速转化成 NH_4^+。因此,区域性排放源对 NH_4^+ 的质量浓度影响最为明显;K^+ 主要来源于生物质燃烧。

武汉地区 TSP 的各种水溶性离子相对比,SO_4^{2-} 的质量浓度最高,说明武汉市冬季气溶胶粒子主要来自取暖燃煤和汽车尾气排放。另外,NO_3^- 所占比例高达18.15%,而 NO_2^- 只有 0.50%,这可能是因为在气候干燥、太阳辐射强的前提下 NO_x气体容易发生光化学反应,在大颗粒上也可能更容易发生二次反应而形成较多的NO_3^-。典型的地壳元素 Ca^{2+} 的质量浓度在阳离子中最高,说明武汉市冬春季气溶胶阳粒子主要来自城市路尘;其次是 NH_4^+,主要原因是上风区农田施肥所致。

3. 水溶性离子季节分布特征

利用 2012 年 11 月~2013 年 11 月采集的气溶胶颗粒物水溶性质量浓度的逐日监测数据绘制 $PM_{2.5}$、PM_{10}、TSP 中水溶性离子 NH_4^+、K^+、Na^+、Ca^{2+}、Mg^{2+}、F^-、Cl^-、NO_2^-、SO_4^{2-}、Br^- 和 NO_3^- 的月均质量浓度变化图。

图 3-10 是 $PM_{2.5}$ 中阴离子逐月质量浓度变化规律,在整个采样期间 F^- 质量浓度的最小值出现在 2013 年的 7~9 月,其质量浓度均为 0.02 mg/L。Cl^- 质量浓度的最小值出现在 2013 年 7 月,质量浓度为 0.11 mg/L,而最大值则出现在 2013 年 11 月,质量浓度为 1.06 mg/L。NO_3^- 质量浓度的最小值也出现在 2013 年 7 月,质量浓度为 0.01 mg/L,而最大值则出现在 2013 年 2 月,质量浓度为 0.23 mg/L。SO_4^{2-} 质量浓度的最小值也出现在 2013 年 1 月,质量浓度为 0.01 mg/L,最大值出现在 2013 年11 月,质量浓度为 0.23 mg/L。

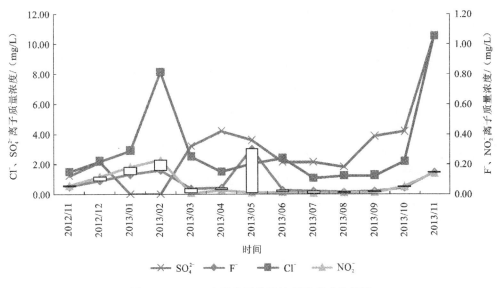

图 3-10　PM$_{2.5}$中阴离子质量浓度季节变化规律

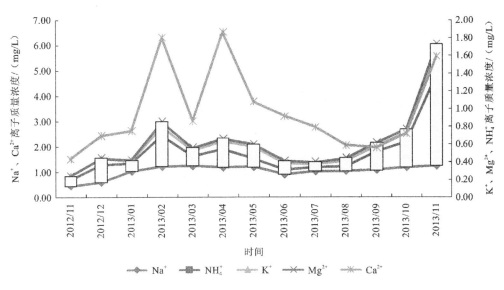

图 3-11　PM$_{2.5}$中阳离子质量浓度月际变化规律

图 3-11 是 PM$_{2.5}$中阳离子逐月质量浓度变化范围,Na$^+$、NH$_4^+$ 质量浓度的最小值分别出现在 2013 年 6 月、7 月,质量浓度依次为 0.88 mg/L、0.16 mg/L,而最大值均出现在 2013 年 11 月,质量浓度分别为 1.23 mg/L、3.63 mg/L。K$^+$质量浓度的最小值出现在 2013 年 1 月,质量浓度为 0.10 mg/L;而最大值则出现在 2013 年 11 月,质量浓度为 0.94 mg/L。Mg^{2+}质量浓度的最小值出现在 2012 年 11 月,质量浓度为 0.02 mg/L;而最大值则出现在 2013 年 11 月,质量浓度为 0.23 mg/L。Ca^{2+}质量浓度的最小值出现在 2012 年 11 月,质量浓度为 0.43 mg/L;而最大值则出现在 2013

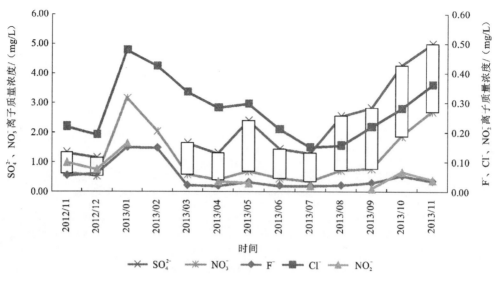

图 3-12   PM$_{10}$中阴离子质量浓度月际变化规律

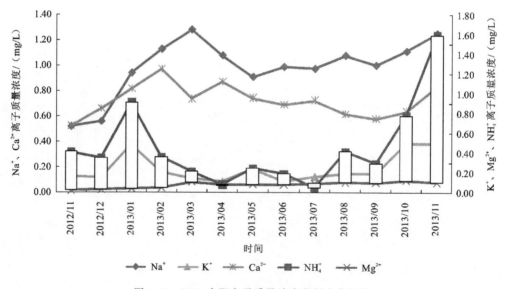

图 3-13   PM$_{10}$中阳离子质量浓度月际变化规律

年 4 月,质量浓度为 1.86 mg/L。

    图 3-10 与图 3-11 说明 PM$_{2.5}$中水溶性阴离子在夏季和秋初含量较低,而在冬季和春初较高;PM$_{2.5}$中水溶性阳离子在夏季和秋初含量较低,在冬季和春初较高,Ca^{2+}的季候分布则相反,在秋冬季最低而在春夏季较高,主要是春夏季,气温较高雨水丰沛,有利于钙盐的生成。

    PM$_{10}$水溶性阴离子(图 3-12)中,F$^-$质量浓度的最小值出现在 2013 年的 3 月、4 月、6 月、7 月、8 月,其质量浓度均为 0.02 mg/L,随后 F$^-$质量浓度有所升高,在

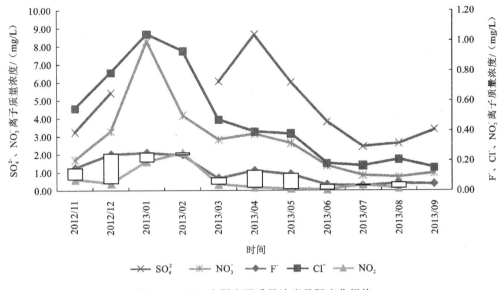

图 3-14　TSP 中阴离子质量浓度月际变化规律

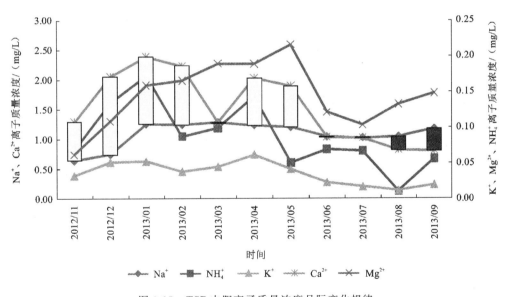

图 3-15　TSP 中阳离子质量浓度月际变化规律

2013 年 1 月和 2 月达到最大值,质量浓度均为 0.15 mg/L。Cl⁻ 质量浓度的最小值出现在 2013 年 7 月,质量浓度为 0.15 mg/L,在春季和秋季质量浓度较高,但最大值出现在 2013 年 1 月,质量浓度为 0.48 mg/L。NO₂⁻ 质量浓度的最小值出现在 2013 年 9 月,质量浓度为 0.01 mg/L;而最大值则出现在 2013 年 1 月,质量浓度为 0.16 mg/L。SO₄²⁻ 质量浓度的最小值也出现在 2012 年 12 月,质量浓度为 0.15 mg/L;最大值则出现在 2013 年 11 月,质量浓度为 4.99 mg/L。NO₃⁻ 质量浓度的最小值也出现在 2013 年 7 月,质量浓度为 0.33 mg/L;最大值则出现在 2013 年 1 月,质量浓度为 316 mg/L。

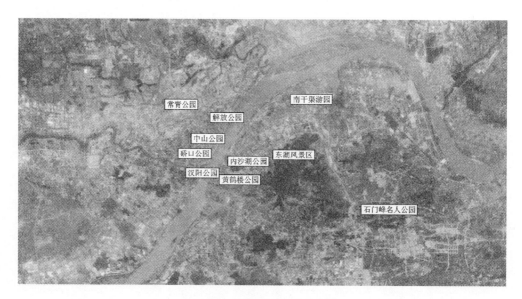

图 3-16 黑碳采样位置示意图

图 3-13 是 PM_{10} 中水溶性阳离子逐月变化规律分布图,Na^+ 最大值出现在冬季,随着气温的变暖,Na^+ 质量浓度也逐渐变小,到 2013 年 7 月达到最小值。NH_4^+、K^+ 质量浓度的最大值均出现在 2013 年 11 月,最小值均出现在 2013 年 6 月。Ca^{2+} 质量浓度的最大值与其他离子的最大值出现的时间有点差异,在 2013 年 2 月达到最大,而最小值则出现在 2013 年 8 月。

图 3-14 可看出 TSP 中水溶性阴离子 F^-、Cl^- 在 2013 年 1 月达到最大值,NO_2^- 质量浓度在 2013 年 2 月达到最大值,随着气温的升高质量浓度出现降低,在 2013 年 6 月降到最小值。SO_4^{2-} 质量浓度最大值出现在 2013 年 4 月,在同年 7 月降到最小值。NO_3^- 的最大值出现在 2013 年 1 月,达到 8.03 mg/L,在 2013 年 9 月达到最小值。

从图 3-15 可以看出 Na^+ 年均值在 2013 年 3 月达到最大,最小值出现在 2013 年 7 月。NH_4^+、K^+ 质量浓度的最大值均出现在 2013 年 4 月其中水溶性阴离子呈现出单峰变化的趋势,最小值都出现在 2013 年 8 月。Mg^{2+} 质量浓度在 2013 年 5 月达到最大,2013 年 7 月达到最小,其分布规律比较特殊,形成原因比较复杂。Ca^{2+} 质量浓度在 2013 年 1 月达到最大,2013 年 9 月达到最小。

3.3.4 小结

NH_4^+ 季节变化表现为秋季＞冬季＞春季＞夏季,大气中 NH_4^+ 来源于大气中的气态 NH_3 的转化,其反应受到环境外部温度、相对湿度、大气逆辐射等的相互影响,春季和冬季的温度较低,有利于气态氨转化为固态的无机铵盐,温度越低的环境越不利于含氮化合物的分解,再者冬季燃煤的使用进一步加大了空气中含氮颗粒物的排放,因此 NH_4^+ 的质量浓度在秋冬季出现最高质量浓度。夏季,武汉地区降水较多,季风盛行,有利于空气的流通,一部分铵盐被沉降到地面,另一部分则通过大气输送到其他地方。K^+ 季候变化表现为秋季＞春季＞冬季＞夏季,研究表明,生物质燃烧、燃煤、燃油、土壤及海洋浪花飞溅等是 K^+ 的主要来源,武汉市周围地区在秋季农田收获季节,人们大量焚烧秸秆等可能是 K^+ 质量浓度升高的主要原因。

Na$^+$ 季节变化表现为春季＞秋季＞夏季＞冬季,而 Na$^+$ 是土壤的主要组成元素,土壤源中的 Na$^+$ 含量增加的一个主要原因就是春季大风扬尘天气,从而使得春季 Na$^+$ 含量最大。

Ca^{2+} 和 Mg^{2+} 是地壳中重要的组成成分,来源于地表土壤和扬尘,恶劣天气引起的大风扬尘可能会导致大气中的飞尘增多,是冬季 Ca^{2+} 和 Mg^{2+} 质量浓度保持较高的主要因素。

主要的可溶性阴离子 F^-、Cl^-、NO_2^-、SO_4^{2-} 和 NO_3^- 等主要来源于有机质的燃烧和汽车尾气的排放。例如,SO_4^{2-} 季节变化表现为秋季＞春季＞夏季＞冬季,来源于秸秆的焚烧和空气中 SO_2 的转化,以及在强烈的辐射下,由光化作用引起的气粒转化加强,导致 SO_4^{2-} 的质量浓度在秋季较高。

3.4　气溶胶中黑碳质量浓度的分布特征

3.4.1　样品采集

1. 观测点的布设

武汉地区的公园有 42 个(武昌 10 个、江汉 8 个、汉阳 8 个、青山 7 个、江岸 4 个、洪山 3 个、硚口 2 个),为了获取武汉地区气溶胶的传输过程,忽略局地人为活动的影响,选取其中的 10 个公园(黄鹤楼公园、内沙湖公园、南干渠游园、解放公园、中山公园、汉阳公园、常青公园、硚口公园、东湖风景区和石门峰名人公园)作为研究对象进行黑碳的采样及分析工作,采样时间为 2014 年 12 月至 2016 年 6 月(图 3-16)。

具体采样地点如下:

(1) 武昌 2 个,内沙湖公园、黄鹤楼公园;

(2) 江汉 2 个,中山公园、常青公园;

(3) 汉阳 2 个,汉阳公园;

(4) 青山 2 个,石门峰名人公园、南干渠游园;

(5) 江岸 1 个,解放公园;

（6）洪山1个,东湖风景区;

（7）硚口1个,硚口公园。

在观测点安放黑碳仪的要求,大致离地面2 m左右,下垫面是植被覆盖率较高的绿地,四周没有高大的建筑物遮挡,视野开阔,能够比较准确客观地反映武汉地区绿地单元的黑碳质量浓度。

本书选取城区功能区的绿地单元,采样分析黑碳在公园等绿地单元分析气溶胶的垂直沉降和吸附性,根据观测点的黑碳质量浓度来分析武汉地区黑碳的时空分布。

2. 采样仪器

采样仪器为美国玛基科学公司（Magee Scientific Co,USA）产的AE-31黑碳仪,该仪器可以连续实时观测黑碳的质量浓度。黑碳测量仪在测量过程中,黑碳观测采用透光均匀的石英纤膜进行。采用黑碳仪标准通道（880 nm）的采样结果作为黑碳质量浓度的代表值,采样流量为100 mL/min,采样膜为3 mm石英纤维膜,测量平均周期为1 min,该仪器平均每5 min获取一组黑碳质量浓度数据,采集一个样品连续观测50～60 min。

3. 采样数据的处理

在武汉地区10个典型绿地单元设置采样区域,采集气溶胶黑碳样品,根据环境空气质量标准中采样数据统计的有效性规定,每年至少有分布均匀的60个日均值,每月至少有分布均匀的5个日均值,采集气溶胶样品660个。采样时间为2014年12月～2016年2月。

数据的处理步骤为:①将数据从黑碳记录仪导入电脑,进行分类存放,剔除采样中的异常数据,并且将采样得到的原始数据中的错误数据（负值数据）剔除;②对每个站点每次采样的数据进行平均值计算,并根据得到的平均值找出数据中过大和过小的异常数据,标注出高于和低于平均值两倍的数据,得到研究分析的初步数据。③根据分析的实际情况对初步数据再进行分类处理。

3.4.2 黑碳的大气本底质量浓度和平均质量浓度

大气成分的本底质量浓度是指能够反映某一区域内处于均匀混合状态的大气中某种成分的质量浓度,也就是不受本地源汇直接影响时的大气成分质量浓度。目前国内学者在对黑碳的研究当中,将出现频数最大的黑碳质量浓度数值作为当地的黑碳本底质量浓度。经过对所收集到的数据进行统计,为了便于比较,在保留整数的情况下,得到频数分布最大值所对应的黑碳质量浓度为2 693 $\mu g/m^3$。

对所有有效数据取平均数之后,得到武汉2014年12月～2016年6月黑碳质量浓度的平均值为 4.36 μg/m³。其中 2015 年 9 月至 2016 年 2 月月黑碳质量浓度的平均值为 5.19 μg/m³。将该数值与国内其他城市同期的观测值相比,与常州 2012 年 9 月~2013 年 2 月的均值 5.17 μg/m³ 较为相近。低于天津 2010 年 9 月至 2011 年 2 月的均值 6.85 μg/m³ 和长春 2007 年 10 月至 2008 年 2 月的均值 16.04 μg/m³。高于西宁 2006 年 1 月至 2006 年 2 月的均值 4.21 μg/m³。

3.4.3　气溶胶中黑碳组分质量浓度的垂直方向分布特征

运用 WRF-CMAQ 模型,根据研究区域地理位置和评估范围的差异设定不同的评估区域,并对气象输入数据和地形输入数据进行预处理,从而获得与 WRF 模型设定网格分布一致的输入数据,水平方向上使用兰伯特(Lambert)投影方式,设定为两层嵌套网格,水平网格距分别为 27 km、9 km,在垂直方向上采用阶梯地形垂直坐标(eta 坐标),共分为 16 层。见表 3-5,顶层等压面高度为 0.2 bar[①],距地面高度近似 7 600 m;底层等压面高度为 1.0 bar,距地面高度 10 m,水平区域确定为武汉地区。

表 3-5　基于 WRF-CMAQ 模型的垂直分层一览表

层数	1	2	3	4	5	6	7	8
等压面高度/bar	1.000	0.998	0.995	0.992	0.987	0.980	0.970	0.940
距地面高度/m	10	30	60	70	120	190	300	600
层数	9	10	11	12	13	14	15	16
等压面高度/bar	0.910	0.870	0.800	0.740	0.650	0.500	0.400	0.200
距地面高度/m	900	1 300	2 000	2 600	3 500	4 600	5 600	7 600

根据美国国家气候数据中心的武汉市天河站点的风速、能见度、温度、气压数据作为代表武汉地区的常规气象数据。

选用 WRF 气象模型作为 CMAQ 模型的气象驱动场,CMAQ 的数值计算所需的污染源数据是基于 MeteoinfoLab 软件和 2012MEIC 源清单文件制作的区域大气污染源排放清单,每个文件包括电力、工业、民用、交通、农业五个部门的排放数据。排放空间分辨率为 0.25°×0.25°,空间范围为:40.125°~179.875°E,20.125°~89.875°N。各污染物排放数据维度为 560(列)×441(行)×12(月),运行结果可为网格化时空变化的排放源输入到 CMAQ 模式,从而可以得到年度黑碳的全年和逐月排放数据。

对 2015 年 7 月~2016 年 6 月全年所有的数据进行处理,得出每个高度层黑碳的逐日质量浓度,并对 16 个不同高度层的日均值进行比较。为了解武汉地区黑碳年

---

① 1 bar=10⁵ Pa=1 dN/mm²。

均质量浓度的垂直变化规律,使用了CMAQ的基于地形追随坐标系的16层粗网格,每层网格的厚度随时间的变化而变化,各层的等压高度及距地高度分别见表3-5。模式边界条件和初始条件都使用预设值,每个月的模拟都提前5天,将第5天的模拟结果作为该月第1天的初始质量浓度场。

1. 武汉地区黑碳沉降的日变化规律

2015年7月至2016年6月全年日均值的数据进行平均,得出每个高度层平均每天的黑碳质量浓度,并对16个不同高度层的日均值进行比较。

武汉地区各高度层黑碳沉降值日变化曲线图,由于每一层数据的数量级差距较大,因此将相同数量级的高度层放在一起进行比较。1~5层将原有数据增加了3个数量级,6~9层增加了4个数量级,10~11层增加了5个数量级,12~13层增加了7个数量级,14~15层增加了8个数量级,以及16层增加了9个数量级。

将原有数据乘以3个数量级后得到的1~5层黑碳沉降的日变化曲线图(图3-17),从图中可以看出,每一层的日变化趋势基本一致,随着高度层的增加,黑碳质量浓度递减;在1~5层内全年黑碳沉降日均值变化波动较小。

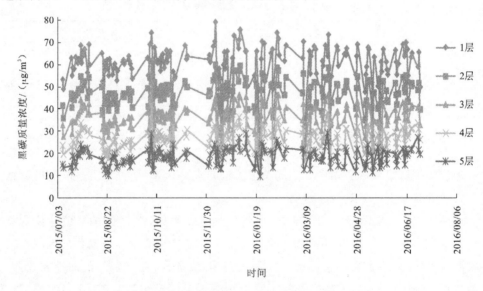

图3-17 武汉地区1~5层黑碳沉降值时间日均变化

武汉地区6~9层沉降日均变化图(图3-18),在此区间内每一层的日变化趋势基本一致,6层、7层与8层、9层相比,波动幅度稍小,随着高度层的增加,每一层的黑碳沉降质量浓度在下降。

武汉地区10~11层沉降日均值增加5个数量级后的变化曲线图(图3-19),10层、11层的日变化趋势基本一致,11层的日均沉降值整体小于10层。10层上下波动幅度较大,全年黑碳沉降的日均值差异明显,10月~次年2月的日均值相对较低;

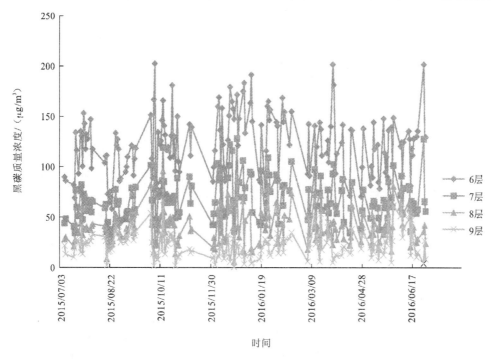

图 3-18 武汉地区 6～9 层黑碳沉降日均变化

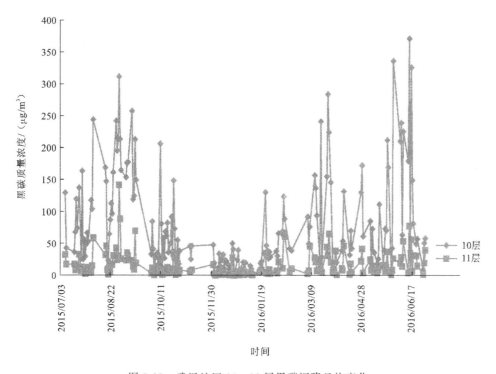

图 3-19 武汉地区 10～11 层黑碳沉降日均变化

11 层波动幅度较小,日均值差异不是十分明显。

在武汉地区 12～13 层沉降日均变化曲线图（图 3-20）中，12 层、13 层的日变化趋势基本一致，日均黑碳沉降值上下波动幅度较大，全年黑碳沉降的日均值差异明显，13 层的日均黑碳沉降值整体小于 12 层。12 层黑碳沉降值上下波动幅度大于 13 层波动幅度。

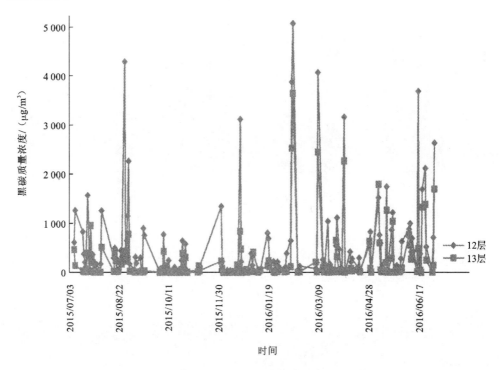

图 3-20　武汉地区 12～13 层黑碳沉降日均变化

在武汉地区 14～15 层沉降日均变化图（图 3-21）中，14 层、15 层的日变化趋势较为一致，日均黑碳沉降值上下波动幅度较大，尤其是 14 层全年黑碳沉降的日均值差异明显，15 层的日均黑碳沉降值整体小于 14 层。14 层黑碳沉降值上下波动幅度大于 15 层波动幅度。

武汉地区 16 层沉降日均变化图（图 3-22），将原始数据增加 9 个数量级后的数据得到该图，从图中可以看出，日均黑碳沉降值上下波动幅度较大，全年黑碳沉降的日均值差异明显；从 2015 年 9 月～2016 年 3 月沉降日均值相对较低，波动不明显，2016 年 3～7 月黑碳沉降日均值呈现波动上升的趋势。

随着高度层的增加，黑碳沉降质量浓度下降，波动越大。

2. 武汉地区黑碳沉降的季节变化规律

2015 年 7 月～2016 年 6 月全年所有的数据进行均值计算，春季资料定为 2016 年的 3～5 月，夏季资料定为 2015 年的 7 月、8 月和 2016 年的 6 月，秋季资料定为 2015 年的 9～11 月，冬季资料定为 2015 年的 12 月和 2016 年的 1 月、2 月，得出每个

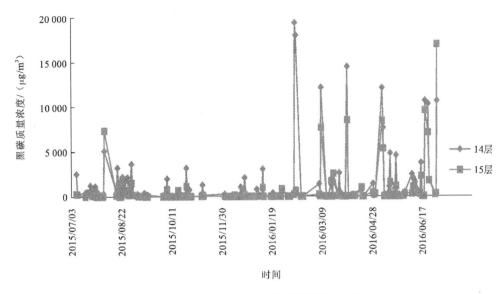

图 3-21　武汉地区 14～15 层黑碳沉降日均变化

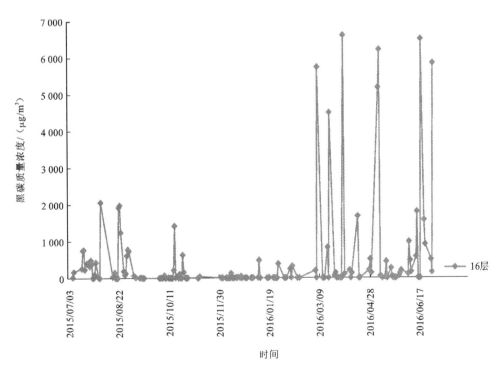

图 3-22　武汉地区 16 层黑碳沉降日均变化

高度层四季的黑碳质量浓度,并对 16 个不同高度层的四季均值进行比较。

图 3-23 为武汉地区的黑碳沉降质量浓度的四季变化柱状图,从图中可以看出四点信息:一是除 2 层和 7 层外,各个高度层在四季中的黑碳沉降质量浓度的变化趋势

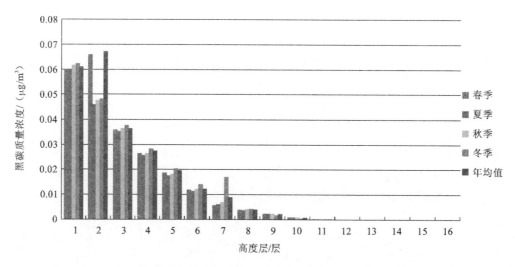

图 3-23　武汉地区黑碳沉降质量浓度的季节变化规律图

较为一致;二是各个高度层在四季的黑碳沉降均值差异不明显,冬季稍大于其他几个季节;三是各个高度层之间在四季中黑碳质量浓度变化幅度差异大;四是随着高度层的增加四季的黑碳沉降质量浓度在降低。

3.4.4　气溶胶中黑碳组分质量浓度的水平方向分布特征

1. 气溶胶中黑碳组分质量浓度的水平方向时间分布特征

经过对比观测时间内所有观测点的数据发现,黑碳质量浓度最高值出现在 2015 年 12 月 12 日的石门峰名人公园,质量浓度为 16.534 $\mu g/m^3$,次高值出现在 2016 年 1 月 2 日的南干渠游园,质量浓度为 16.302 $\mu g/m^3$。最低值出现在 2015 年 8 月 13 日的石门峰名人公园,质量浓度为 0.737 $\mu g/m^3$,次低值出现在 2016 年 7 月 29 日的中山公园,质量浓度为 0.942 $\mu g/m^3$。

石门峰名人公园地处武汉地区东南市郊,人流量低,植被覆盖率高,但是由于附近的道路在进行工程改造,扬尘严重。2015 年 12 月 12 日当天风速较小,空气流动慢,大量尘土扩散到大气中,由于尘土和黑碳都具有吸收光照辐射的特性,测量仪器计算出了较高的数值,对黑碳质量浓度测量结果产生了一定的影响,出现了 16.534 $\mu g/m^3$ 的最高值。而 2015 年 8 月 13 日,风速较大,加之风向的影响,尘土向观测点的反方向扩散,使空气中的尘土对实验的观测影响较小,加之石门峰名人公园地广人稀,植被覆盖率高的特点,植物对黑碳有一定的吸附和净化作用,因此出现了 0.737 $\mu g/m^3$ 的最低值。南干渠游园位于青山区武汉钢铁厂附近,钢铁厂炼钢需要燃烧大量的煤炭产生热量,而黑碳是煤炭不完全燃烧产生的产物之一,因此南干渠游园出现了质量浓度 16.302 $\mu g/m^3$ 的次高值。中山公园位于汉口的城市中心区域,公园绿化率高,附近为医院、学校、商业混合区域,在空气流动状况良好时空气中污染物质量浓度较低,因此出现了 2016 年 7 月 29 日质量浓度为 0.942 $\mu g/m^3$ 的次低值。上述观测点间的横向对比分析表明,空气中的扬尘对黑碳的观测结果有一定的影响,能使观测到的质量浓度值升高,但是其本身并不是黑碳的组成成分。此外,钢铁厂附近区域煤炭燃烧不充分所产生的黑碳也是武汉市内大气中黑碳的来源之一,而植被覆盖率高的公园对大气中的黑碳有一定的过滤和净化作用。

将每个观测点所收集到的所有数据取平均值,得到每个观测点黑碳质量浓度平均值,见表 3-6。

表 3-6　10 个观测点黑碳质量浓度均值一览表　　　　（单位:$\mu g/m^3$）

观测点	黑碳质量浓度均值	观测点	黑碳质量浓度均值
汉阳公园	4.344	常青公园	3.974
黄鹤楼公园	3.836	硚口公园	3.961
东湖风景区	3.697	石门峰名人公园	4.350
解放公园	4.335	南干渠游园	3.840
中山公园	3.760	内沙湖公园	3.755

武汉地区全年黑碳质量浓度日均值为 3.911 $\mu g/m^3$,质量浓度范围为 1.135～10.742 $\mu g/m^3$,日均值质量浓度数据约 81% 分布在 2～6 $\mu g/m^3$ 内,具有较好的集中分布趋势。

有研究表明,中国大气中的黑碳主要来源于煤炭、生物质燃烧、机动车尾气等,其中大部分源于煤炭和生物质燃烧。也有研究表明,在城市中,大气黑碳的主要来源于煤炭和汽车尾气,生物质燃烧对大气黑碳的贡献较少。在上述 10 个观测点中,南干渠游园位于武汉钢铁厂附近;石门峰名人公园地理位置相对偏僻,在高速路附近;东湖风景区紧邻东湖;内沙湖公园位于内沙湖湖边,紧邻长江;其余的观测点均位于武汉城市中心区域,人流量密集。通过比较每个观测点黑碳质量浓度均值可以看出,位于城市中心区域、人流量密集、交通拥堵的观测点黑碳质量浓度均值相对较高,说明武汉地区内的黑碳主要来源于汽车尾气。位于武汉钢铁厂附近的南干渠游园的黑碳质量浓度均值为 3.840 $\mu g/m^3$,处于中间水平,说明钢铁厂炼钢过程中燃煤对武汉黑碳质量浓度的贡献不大。另外,东湖风景区观测点和内沙湖公园观测点所测黑碳质量浓度均值较低说明水体对黑碳有一定的吸附和沉降的作用。

1) 月变化特征

2015 年 7 月～2016 年 6 月全年每个月采样数据进行均值计算,得出每个观测点每个月的黑碳质量浓度,并对 10 个观测点 12 个月的黑碳质量浓度进行比较。结果显示:①各个观测点的变化趋势较为一致。从 2015 年 7 月~2016 年 1 月呈现波动上升的趋势,7 月、8 月、9 月、11 月的黑碳质量浓度较低,基本在 4.0 μg/m³ 以下;10 月是一个小高峰,黑碳质量浓度有较大增幅;12 月、1 月则是黑碳的高峰期,气溶胶等污染物的排放量大,空气中的黑碳质量浓度高。从 2016 年 1 月至 6 月呈现波动下降的趋势,3 月、4 月、6 月的黑碳质量浓度降低,基本在 4.5 μg/m³ 以下,5 月部分地区出现小高峰。②武汉地区绿地的黑碳质量浓度月分布不均匀,整体上波动性较大,全年呈现秋冬季节黑碳质量浓度大,春夏季节气溶胶质量浓度小。

比较武汉市各月黑碳质量浓度平均值(图 3-24),呈单峰状分布,其中 1 月最高,为 7.403 μg/m³,7 月最低,为 2.354 μg/m³,大小关系依次为 1 月>12 月>2 月>10 月>3 月>5 月>11 月>4 月>9 月>8 月>6 月>7 月。说明秋冬季大气扩散条件较差,且武汉地区处于南北气流交汇地带,易受静稳天气或北方污染气团影响,黑碳质量浓度偏高,是气象因素和污染源排放综合影响的结果[108],在冬季对黑碳进行减排削峰会有较好的控制效果。

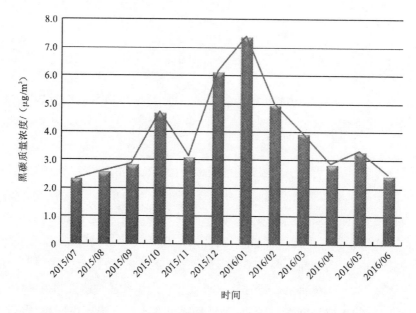

图 3-24 武汉市黑碳质量浓度月变化规律

武汉地区绿地黑碳质量浓度月变化趋势,各个观测点的变化趋势较为一致。从 2015 年 7 月~2016 年 2 月呈现波动上升的趋势,6 月、7 月、8 月、9 月的气溶胶质量浓度较低,基本在 4.0 μg/m³ 以下,10 月是一个小高峰,气溶胶质量浓度有较大增幅;12 月、1 月则是黑碳的高峰期,气溶胶等污染物的排放量大,空气中的黑碳质量浓度高,到了春季 3 月、4 月、5 月黑碳质量浓度降低。

2）季节变化特征

武汉地区绿地的黑碳质量浓度月分布不均匀,整体上说波动性较大,全年呈现秋冬季节气溶胶质量浓度大,春夏季节气溶胶质量浓度小,但不同的观测点呈现出相近的变化趋势。图 3-25 为 2015 年秋季武汉地区 10 个观测点黑碳质量浓度的柱状图。内沙湖公园和解放公园是两个高值区,其黑碳的质量浓度相对高于其他地方,内沙湖公园的黑碳质量浓度高达 4.5 μg/m³ 以上。常青公园和中山公园是两个低值区,其黑碳质量浓度普遍低于其他观测点黑碳质量浓度。汉阳公园、黄鹤楼公园、硚口公园、东湖风景区、石门峰名人公园和南干渠游园的黑碳质量浓度则处于 3.0～3.5 μg/m³。

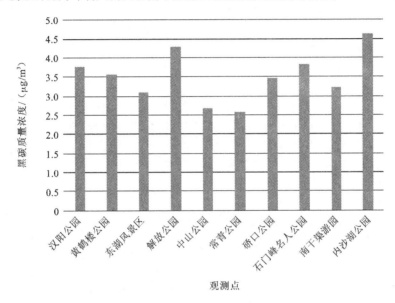

图 3-25　2015 年秋季武汉地区黑碳质量浓度

图 3-26 是 2015 年冬季武汉地区 10 个观测点的黑碳质量浓度柱状图。硚口公园、石门峰名人公园和南干渠游园是三个高值区,其黑碳的质量浓度相对高于其他地方,硚口公园的黑碳质量浓度高达 7.0 μg/m³ 以上。东湖风景区是黑碳质量浓度的低值区,其黑碳质量浓度低于其他观测点黑碳质量浓度,为 5.0 μg/m³。汉阳公园、黄鹤楼公园、中山公园、内沙湖公园和解放公园的黑碳质量浓度则处于 5.0～6.5 μg/m³。

图 3-27 为 2016 年春季武汉地区 10 个观测点的黑碳质量浓度柱状图。各观测点在春季的黑碳质量浓度普遍处于 4.0～5.0 μg/m³,其中硚口公园的黑碳质量浓度为最高值,最接近 5.0 μg/m³。内沙湖公园的黑碳质量浓度为最低值,小于 4.0 μg/m³。

图 3-28 为 2015 年和 2016 年夏季武汉地区 10 个观测点的黑碳质量浓度柱状图。汉阳公园和东湖风景区是两个高值区,其黑碳质量浓度达到 3.0 μg/m³ 以上。内沙湖公园是黑碳质量浓度的低值区,其黑碳质量浓度小于 2.5 μg/m³。黄鹤楼公园、硚口公园、石门峰名人公园、南干渠游园、解放公园、常青公园和中山公园的黑碳

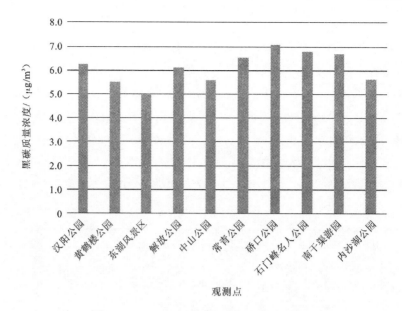

图 3-26　2015 年冬季武汉地区黑碳质量浓度

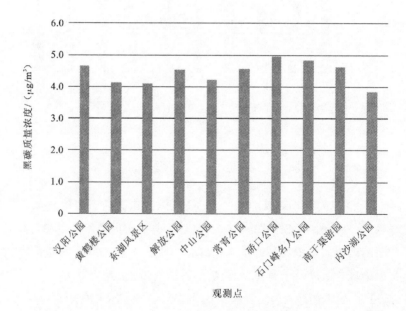

图 3-27　2016 年春季武汉地区黑碳质量浓度

质量浓度则处于 $2.5 \sim 3.0\ \mu\mathrm{g/m^3}$。

　　武汉地区各观测点的黑碳质量浓度的四季变化趋势如图 3-29 所示。

　　结果显示:各个观测点在四季中的黑碳质量浓度的变化趋势较为一致;各个观测点在四季的黑碳质量浓度均值差异大,其质量浓度差异表现为冬季最大,春季次之,秋季较小,夏季最小;各个观测点之间在四季中黑碳质量浓度变化幅度差异大,冬季和秋季各观测点之间的黑碳质量浓度变化幅度都很大,其质量浓度变化分别为 $5.0 \sim$

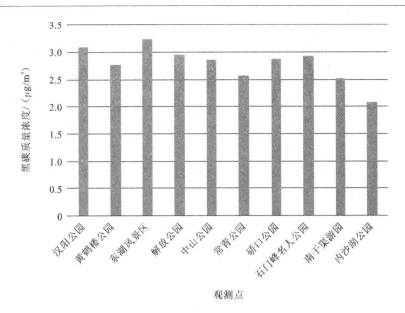

图 3-28　2015 年和 2016 年夏季武汉地区黑碳质量浓度

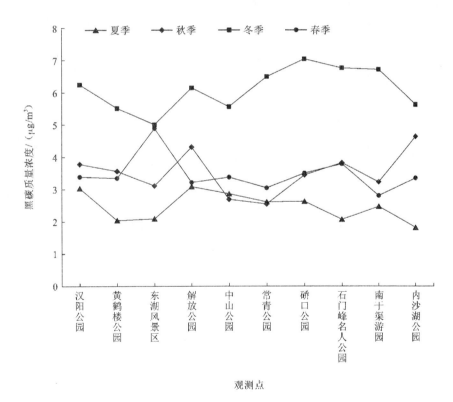

图 3-29　武汉地区黑碳的四季变化

7.0 μg/m³ 和 2.8~4.8 μg/m³。春季各观测点之间的黑碳质量浓度变化幅度最小，其质量浓度稳定在 4.0~5.0 μg/m³。夏季各观测点之间的黑碳质量浓度变化幅度较小,其质量浓度变化为 2.0~3.2 $\mu g/m^3$。

武汉地区内黑碳质量浓度的日均值存在明显的季节性特征,从 2014 年 12 月初~2015 年 1 月中旬,黑碳质量浓度的日均值呈上升趋势,汉阳公园附近的黑碳质量浓度日均值从 2014 年 12 月 17 日的 1.847 $\mu g/m^3$ 陡增至 2015 年 1 月 8 日的 8.175 2 $\mu g/m^3$。进入春季以后,黑碳质量浓度日均值开始下降。除个别观测点个别日期有小幅度波动以外,整体趋于稳定,黑碳质量浓度日均值在 4.0 $\mu g/m^3$ 上下;进入秋季,在 2015 年 10 月前后,黑碳质量浓度日均值开始上升,到 2016 年 1 月中旬达到顶峰,随后开始下降并趋于稳定,在 2016 年 5 月前后出现了一次较大幅度的波动,其余时间黑碳质量浓度日均值稳定在 3.0 $\mu g/m^3$ 上下。

黑碳季节变化的原因较为复杂,主要取决于黑碳的来源和扩散速度。这与各季节大气湍流的强弱程度和风向有密切的关系。武汉市属亚热带季风性湿润气候,雨期主要集中在每年 6~8 月。夏季以东南风为主,冬季以西北风或北风为主,四季分明,夏季酷热,冬季寒冷,一年中夏季和冬季持续的时间比较长。在一年四季中夏季的日照时间长,地面接收的太阳辐射能量较多,大气湍流的垂直扩散较为强烈,有利于黑碳的扩散。冬季日照时间短,大气湍流弱,并且逆温层出现频率高,不利于黑碳的扩散。此外,武汉进入春季以后降水量开始增加,夏季多暴雨天气,降水能够使大气中的黑碳沉降到地面,起到净化空气的效果,这也是冬季黑碳质量浓度远高于夏季的原因。

3)冬季气溶胶质量浓度的年际变化

图 3-30 为武汉地区冬季 10 个观测点的 2014 年与 2015 年黑碳质量浓度均值折

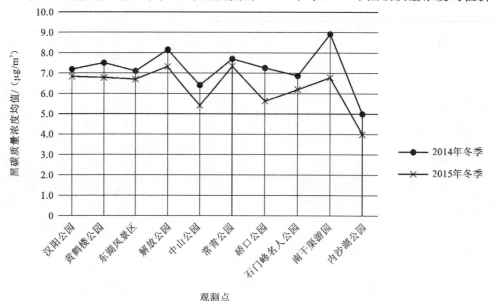

图 3-30　2014 年、2015 年武汉地区冬季黑碳质量浓度均值折线图

线图。同在冬季,不同年份相同观测点的黑碳质量浓度均值相差不大。此外,解放公园、常青公园和南干渠游园是三个高值区,其气溶胶的质量浓度相对高于其他地方,南干渠游园 2014 年冬季的均值甚至达到 $9.0\ \mu g/m^3$ 以上。内沙湖公园是气溶胶质量浓度的低值区,普遍低于其他观测点同年的质量浓度;汉阳公园、黄鹤楼公园和东湖风景区则变化趋势不大,都在 $7.0\ \mu g/m^3$ 左右。

　　4）年内秋冬季节气溶胶变化特征

　　2015 年秋季(9 月～11 月)和冬季(12 月、次年的 1 月和 2 月)气溶胶比较和变化趋势见表 3-7。冬季的气溶胶质量浓度均值大于秋季。秋季黑碳质量浓度在 2.562～4.667 $\mu g/m^3$,冬季气溶胶质量浓度在 3.945～3.961 $\mu g/m^3$,平均值分别为 3.359 $\mu g/m^3$ 和 5.787 $\mu g/m^3$,秋冬季节的黑碳质量浓度相差较大。

表 3-7　武汉地区 2015 年秋冬季节黑碳质量浓度均值　　（单位：$\mu g/m^3$）

观测点	秋季	冬季
汉阳公园	3.921 5	6.125 6
黄鹤楼公园	3.547 7	5.423 2
东湖风景区	3.273 8	4.895 7
内沙湖公园	4.032 7	6.026 6
中山公园	2.717 8	5.557 6
常青公园	2.562 5	6.514 1
硚口公园	3.605 9	3.945 8
石门峰名人公园	3.872 6	6.660 9
南干渠游园	3.389 2	6.961 7
解放公园	4.667 3	5.765 1
平均值	3.559 1	5.787 6

2. 黑碳的水平方向空间分布差异

　　1）日均值空间分布特征

　　对 2014 年 12 月至 2015 年 12 月全年所有的采样数据进行均值计算,得出每个观测点平均每天的黑碳质量浓度,并对 10 个观测点的日均值进行比较,武汉地区全年黑碳日均值分布如图 3-31 所示。

　　由图 3-31 可得出,全年石门峰名人公园和解放公园的日均值最高,均大于 $5.0\ \mu g/m^3$;其他观测点的黑碳质量浓度都在 $4.0～5.0\ \mu g/m^3$,其中最大值为 $4.976\ \mu g/m^3$,最小值为 $4.314\ \mu g/m^3$。

　　2）月均值空间分布特征

　　2014 年 12 月东湖风景区、解放公园、硚口公园的黑碳质量浓度高,汉阳公园的

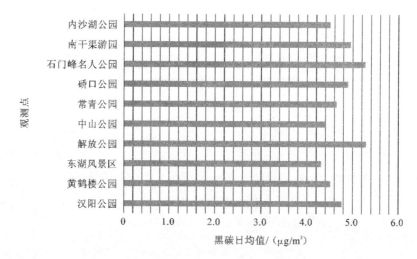

图 3-31　2014 年 12 月至 2015 年 12 月武汉地区黑碳日均值分布图

黑碳质量浓度最低;2015 年 1 月解放公园、石门峰名人公园和南干渠游园的黑碳质量浓度高,内沙湖公园质量浓度最低;2015 年 2 月,黑碳质量浓度整体分布较为平均,空间差异不明显。

2015 年 9 月,除了硚口公园是明显的低值区外,其他黑碳质量浓度的空间差异小;2015 年 10 月解放公园、石门峰名人公园和沙湖公园的黑碳质量浓度是高值区;2015 年 11 月中山公园和常青公园的黑碳质量浓度较低。

2015 年 12 月解放公园、硚口公园和石门峰名人公园黑碳质量浓度较高;2016 年 1 月黑碳质量浓度整体高,空间差异不明显;2016 年 2 月南干渠游园的黑碳质量浓度相对较高,空间差异不明显。

武汉地区的黑碳质量浓度空间分布不均匀,具有明显的地区分布差异(图 3-32)。

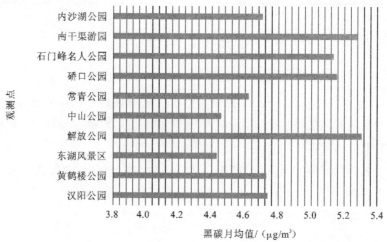

图 3-32　2014 年 12 月至 2015 年 12 月武汉地区绿地黑碳月均值分布图

解放公园和南干渠游园的黑碳质量浓度最高,在 $5.2\ \mu g/m^3$ 以上;中山公园和解放公园的黑碳质量浓度最低,低于 $4.5\ \mu g/m^3$;其他的地点,沙湖公园、常青公园、黄鹤楼公园和汉阳公园的黑碳质量浓度则较为均匀为 $4.6\sim4.8\ \mu g/m^3$,石门峰名人公园和硚口公园则为 $5.0\sim5.2\ \mu g/m^3$。

3.4.5　黑碳时空分布特征的原因分析

1. 时间差异的原因分析

通过对武汉市黑碳质量浓度秋冬季节比较分析,产生季节变化的主要原因是直接排放源和气候因素两方面。

根据武汉市环境保护局公布的武汉大气颗粒物源最新解析结果,武汉市 $PM_{2.5}$ 综合来源解析结果为工业生产(包括工业锅炉及窑炉、生产工艺过程等排放的一次颗粒物和气态前体物产生的二次颗粒物)32%、机动车 27%、燃煤(包括燃煤企业、燃煤电厂、居民散烧等)20%、扬尘(包括裸露表面、建筑施工、道路扬尘、土壤风沙等)9%、其他(包括生物质燃烧、生活源、农业源等)12%。PM_{10} 综合源解析结果为扬尘 25%、燃煤 22%、工业生产 21%、机动车 19%、其他 13%。武汉市的雾霾成因也因为季节不同而有所不同。例如,区域污染主要集中在 12 月、1 月;沙尘污染主要集中在 $3\sim5$ 月;秸秆污染主要在每年 6 月、10 月;受台风外围影响而产生的污染主要集中在 $7\sim9$ 月。

黑碳质量浓度秋冬两季变化幅度大,且冬季均值明显大于秋季,黑碳质量浓度的最大值出现在 1 月。一方面是自然原因,武汉位于亚热带季风气候区,冬季气温低,降水少,易形成逆温层,这使得大气扩散条件差,再加上武汉工业集中,污染物的排放量大,容易和大气悬浮颗粒结合,增加了黑碳质量浓度。另一方面则可能是人为因素,冬季气温低,冬季居民取暖需求大,燃煤等排放的大气污染物多,导致大气的黑碳质量浓度上升。

对比秋冬两季黑碳质量浓度值,秋季和冬季分别在 10 月和 1 月出现了当季的高峰值,这表明武汉地区的黑碳质量浓度受到了大气输送的影响。据武汉市环境保护局的解析结果,12 月和 1 月主要是区域污染,6 月和 10 月主要是秸秆污染。武汉冬季盛行偏西和偏北方向的风,盛行风将上风向的秸秆燃烧污染物和冬季燃煤、工业和居民排放的污染物携带到武汉上空堆积,形成堆积污染,直接导致了武汉市气溶胶质量浓度的大幅增加,在秋冬季节易出现严重的大气污染。

2. 空间差异的原因分析

通过对各月的黑碳空间分布分析,发现解放公园、硚口公园、石门峰名人公园和南干渠游园是黑碳质量浓度的高值区,东湖风景区及内沙湖公园是黑碳质量浓度的低值区。

　　解放公园位于长江二桥和武汉大道附近,地处交通要道,车流量大,汽车尾气排放量大;另外周围居民区聚集,居民生活燃料排放较多,这使得附近的黑碳质量浓度较高。硚口公园附近居民小区聚集,生活污染物排放量大。南干渠游园位于武汉市青山区,在武汉钢铁(集团)公司的附近,污染物的排放量大。从废气污染源的结构分析,工业园是大气污染物排放的主体。从各污染源所占比重来看,电力和钢铁行业排放量是全市 SO_2 的主要来源;电力和机动车排放量是氮氧化物的主要来源;平板玻璃、水泥、石化等行业在污染源比重中也占有一席之地。根据武汉市环境保护局的污染源解析,武汉市 $PM_{2.5}$ 来源中,工业生产(包括工业锅炉及窑炉、生产工艺过程等排放的一次颗粒物和气态前体物产生的二次颗粒物)占 32%,所占比例大,这使得工业污染导致南干渠游园的黑碳质量浓度高。石门峰名人公园位于武汉市洪山区,在洪山广场附近,这里是主要的商业区,且附近的大学分布较为密集,因此人流量大,并且交通拥挤,车流量大,导致观测点的黑碳质量浓度高。

　　东湖风景区和内沙湖公园是黑碳质量浓度较低的区域,这和其周围的环境密不可分。以东湖为例,东湖作为风景区,总面积 73 km²,其中湖面积 33 km²,是中国最大的城中湖,水域面积广阔,环境净化能力强,空气质量好;全景区的森林面积达到 7 000 亩,主要包括分布于 34 个山丘和湖滨的自然林和人工林,植被覆盖率高,对空气的净化作用强,空气质量好;在风景区内,居民区少,车流量少,远离污染源。

第 4 章 武汉市各气溶胶组分的相关性分析

4.1 气溶胶水溶性离子间的相互性分析

4.1.1 PM$_{2.5}$中各水溶性离子的相互关系

根据 P$_{2.5}$上各离子的日均质量浓度数值,SO$_4^{2-}$ 和 NO$_3^-$ 所占比例为 41.21%、1.28%,说明在 PM$_{2.5}$上,燃煤和汽车尾气对气溶胶粒子的贡献较大;Na$^+$ 与 Ca^{2+} 的质量浓度所占比例达到 12.35% 和 11.60%,可能来自城市中的碎屑粉尘或来自远源输入;Br$^-$ 的质量浓度所占比例高达 16.96%,根据采样数据显示,Br$^-$ 的质量浓度在 2012 年 11 月和 12 月很低,在 2013 年 1 月整个月都保持较高的质量浓度,最高达 3.15 mg/L,由此可以判断,Br$^-$ 可能是人为污染源,来自化工或建筑装潢。

根据 PM$_{2.5}$各种离子的日均质量浓度,分别求出每两种离子之间质量浓度变化的相关系数。在表 4-1 中,把相关系数较高的即 R^2 大于 0.7 的离子进行互相配对,由此可以得出该时间段武汉市气溶胶 PM$_{2.5}$中存在(NH$_4$)$_2$SO$_4$、NH$_4$Br、NH$_4$NO$_3$、KNO$_3$、K$_2$SO$_4$、KBr、MgBr$_2$、Mg(NO$_3$)$_2$ 和 CaBr$_2$ 形态。

表 4-1　PM$_{2.5}$中各水溶性离子间相互关系矩阵

相关系数	Na$^+$	NH$_4^+$	K$^+$	Mg^{2+}	Ca^{2+}	F$^-$	Cl$^-$	NO$_2^-$	SO$_4^{2-}$	Br$^-$	NO$_3^-$
Na$^+$	1										
NH$_4^+$	0.016	1									
K$^+$	-0.03	0.921	1								
Mg^{2+}	0.432	0.548	0.571	1							
Ca^{2+}	0.615	0.357	0.343	0.800	1						
F$^-$	0.780	0.362	0.301	0.465	0.634	1					
Cl$^-$	0.461	0.645	0.636	0.617	0.581	0.684	1				
NO$_2^-$	0.364	0.068	0.118	0.347	0.503	0.432	0.294	1			
SO$_4^{2-}$	0.213	0.987	0.893	0.169	0.053	0.849	0.636	-0.22	1		
Br$^-$	-0.07	0.995	0.986	0.934	0.918	0.942	0.856	0.827	—	1	
NO$_3^-$	0.445	0.774	0.753	0.771	0.685	0.745	0.832	0.387	0.962	0.989	1

4.1.2　PM$_{10}$中各水溶性离子的相互关系

　　从 PM$_{10}$中各种离子的日均质量浓度,分别求出每两种离子之间质量浓度变化的相关系数,见表 4-2,可以看出 NH$_4^+$ 与 SO$_4^{2-}$ 之间的相关系数为 0.983,NH$_4^+$ 与 Br$^-$ 之间的相关系数为 0.963,NH$_4^+$ 与 NO$_3^-$ 之间的相关系数为 0.883,K$^+$ 与 NO$_3^-$ 之间的相关系数为 0.867,K$^+$ 与 SO$_4^{2-}$ 之间的相关系数为 0.873,K$^+$ 与 Br$^-$ 之间的相关系数为 0.820,Ca^{2+} 与 Cl$^-$ 之间的相关系数为 0.704。

　　由此得出这一时期武汉地区气溶胶 PM$_{10}$中存在(NH$_4$)$_2$SO$_4$、NH$_4$Br、NH$_4$NO$_3$、KNO$_3$、K$_2$SO$_4$、KBr 和 CaCl$_2$ 形态。

表 4-2　PM$_{10}$中各水溶性离子间相互关系矩阵

相关系数	Na$^+$	NH$_4^+$	K$^+$	Mg^{2+}	Ca^{2+}	F$^-$	Cl$^-$	NO$_2^-$	SO$_4^{2-}$	Br$^-$	NO$_3^-$
Na$^+$	1										
NH$_4^+$	0.421	1									
K$^+$	0.487	0.848	1								
Mg^{2+}	0.512	0.195	0.440	1							
Ca^{2+}	0.670	0.228	0.452	0.949	1						
F$^-$	0.739	0.610	0.612	0.372	0.534	1					

续表

相关系数	Na^+	NH_4^+	K^+	Mg^{2+}	Ca^{2+}	F^-	Cl^-	NO_2^-	SO_4^{2-}	Br^-	NO_3^-
Cl^-	0.606	0.636	0.731	0.657	0.704	0.803	1				
NO_2^-	0.475	0.511	0.436	0.294	0.376	0.664	0.512	1			
SO_4^{2-}	0.395	0.983	0.873	0.480	0.384	0.704	0.672	0.576	1		
Br^-	0.184	0.963	0.820	0.248	0.225	0.700	0.629	0.005	—	1	
NO_3^-	0.642	0.883	0.867	0.416	0.470	0.730	0.758	0.547	0.960	0.943	1

从 Na^+ 和 Ca^{2+} 的质量浓度所占比例来看,说明 Na^+ 和 Ca^{2+} 在 PM_{10} 上对武汉市气溶胶粒子的贡献比在 $PM_{2.5}$ 上要低,Na^+ 和 Ca^{2+} 主要存在于 $PM_{2.5}$ 上。

4.1.3　TSP 中各水溶性离子的相互关系

根据 TSP 各种离子的日均质量浓度,分别求出两种离子之间质量浓度变化的相关系数,见表 4-3。Na^+ 与 Mg^{2+} 的相关系数为 0.788,Na^+ 与 Ca^{2+} 的相关系数为 0.628,Mg^{2+} 与 Ca^{2+} 的相关系数为 0.911,表明 TSP 中 Na^+、Ca^{2+} 与 Mg^{2+} 相关性较好,说明 TSP 中 Na^+、Ca^{2+} 与 Mg^{2+} 可能为相同源;K^+ 与 Cl^- 的相关系数为 0.699,相关性较好,由此判断它们均来自生物质燃烧。将表 4-3 中相关系数大于 0.7 的离子进行互相匹配,由此可以得出这一时期武汉市气溶胶(TSP)中存在 $(NH_4)_2SO_4$、NH_4Br、NH_4NO_3、KNO_3、K_2SO_4、$MgCl_2$、CaF_2 和 $CaCl_2$。

SO_4^{2-}、NO_3^-、Br^- 分别占 TSP 各种离子总量的 41%、18.15%、23.88%,说明武汉市冬季气溶胶粒子主要来自取暖燃煤和汽车尾气排放。另外,NO_3^- 所占比例高达 23.88%,而 NO_2^- 只有 0.50%,这可能是因为在天气干燥、阳光辐射的前提下 NO_x 气体容易发生光化作用,并且这一效果在大颗粒上更容易发生二次反应而形成较多的 NO_3^-。

表 4-3　TSP 中各水溶性离子间的相关系数

相关系数	Na^+	NH_4^+	K^+	Mg^{2+}	Ca^{2+}	F^-	Cl^-	NO_2^-	SO_4^{2-}	Br^-	NO_3^-
Na^+	1										
NH_4^+	0.225	1									
K^+	0.316	0.776	1								
Mg^{2+}	0.788	0.360	0.652	1							
Ca^{2+}	0.628	0.257	0.616	0.911	1						
F^-	0.328	0.515	0.837	0.737	0.771	1					

续表

相关系数	Na$^+$	NH$_4^+$	K$^+$	Mg^{2+}	Ca^{2+}	F$^-$	Cl$^-$	NO$_2^-$	SO$_4^{2-}$	Br$^-$	NO$_3^-$
Cl$^-$	0.564	0.533	0.693	0.778	0.728	0.747	1				
NO$_2^-$	0.405	−0.01	0.092	0.490	0.338	0.396	0.330	1			
SO$_4^{2-}$	0.249	0.945	0.870	0.692	0.530	0.758	0.759	0.134	1		
Br$^-$	0.419	0.778	0.322	0.296	0.104	−0.02	0.314	0.154	−0.95	1	
NO$_3^-$	0.575	0.852	0.666	0.575	0.407	0.474	0.576	0.266	0.919	0.858	1

表 4-3 中可看到 Na$^+$、Ca^{2+} 与 Mg^{2+} 相关性较好,表明它们为同一来源,即城市易散性粉尘(建筑扬尘)或远源输入的粉尘;K$^+$ 与 Cl$^-$ 的相关系数为 0.693,相关性较好,由此判断它们均来自生物质燃烧。

4.1.4　TSP 中 SO$_4^{2-}$、NH$_4^+$ 及 K$^+$ 质量浓度的线性回归关系

根据 TSP 中 SO$_4^{2-}$、NH$_4^+$ 及 K$^+$ 的质量浓度,分别做出它们之间的线性回归方程。
SO$_4^{2-}$ 与 NH$_4^+$ 的相关方程为:$y=0.19x+2.75$,复相关系数为 0.227 5。
SO$_4^{2-}$ 与 K$^+$ 的相关方程为:$y=6.31x+1.32$,复相关系数为 0.756 7。

说明在 TSP 中 SO$_4^{2-}$、NH$_4^+$ 与 K$^+$ 的质量浓度之间的相关性很好,而 SO$_4^{2-}$ 主要来源于机动车排放,NH$_4^+$ 主要来源于农田施肥,K$^+$ 主要来源于生物质燃烧,由此可以得出,湖北大学地区气溶胶的主要污染源为混合源,主要来自机动车排放和生物质燃烧。

4.2　TSP 中 18 种元素的相关性分析

相关分析(Pearson 相关系数)是通过相关系数来衡量变量之间的紧密程度,在大气颗粒物中同一来源的物质在大气传输过程中保持着较好的定量关系。通过分析大气颗粒物中元素之间的相关系数的相对大小,将有助于了解其来源和它们在气溶胶中的分布特点。湖北大学地区 TSP 及 TSP 中各元素的相关性见表 4-4。

分析相关系数表 4-4,可见湖北大学地区的 TSP 与 Ca、Fe、K、Cl、Ti、Mn 的相关系数较大,这表明 TSP 受 Ca、Fe、K、Cl、Ti、Mn 的影响较大,参照表 7-2 所列的各种污染源的特征标志元素,这说明湖北大学地区的 TSP 主要受地面扬尘因素和建筑尘因素的影响,即道路上交通车辆扬起的地面灰尘和建筑灰尘为该地区的主要污染物来源;同时,K、Ti、Mn、Fe 四者间的相关系数较大,这说明相对而言地面扬尘因素比建筑尘因素对 TSP 的影响更大。

表 4-4　湖北大学地区 TSP 及 TSP 中各元素的相关系数矩阵

元素	TSP	S	Cl	K	Ca	Ti	V	Cr	Mn	Fe	Ni	Cu	Zn	As	Se	Br	Sr	Zr	Pb
TSP	1.00	0.64	0.76	0.88	0.82	0.82	-0.17	0.29	0.84	0.85	0.56	0.48	0.72	0.28	0.56	0.35	0.48	-0.02	0.73
S	0.64	1.00	0.81	0.61	0.62	0.25	0.33	0.23	0.71	0.66	0.43	0.26	0.77	0.11	0.46	0.77	0.63	-0.14	0.71
Cl	0.76	0.81	1.00	0.79	0.61	0.71	0.21	0.33	0.74	0.69	0.49	0.31	0.76	0.07	0.44	0.68	0.65	-0.07	0.63
K	0.88	0.61	0.79	1.00	0.89	0.92	0.16	0.48	0.95	0.95	0.69	0.51	0.84	0.37	0.64	0.73	0.76	-0.04	0.87
Ca	0.82	0.62	0.61	0.89	1.00	0.92	0.06	0.49	0.91	0.95	0.79	0.46	0.65	0.35	0.69	0.54	0.66	0.11	0.76
Ti	0.82	0.25	0.71	0.92	0.92	1.00	0.17	0.35	0.91	0.95	0.71	0.34	0.71	0.19	0.71	0.65	0.73	0.11	0.75
V	-0.17	0.33	0.21	0.16	0.06	0.17	1.00	0.19	0.21	0.17	0.06	0.04	0.23	0.15	0.11	0.21	0.21	0.09	0.29
Cr	0.29	0.23	0.33	0.48	0.49	0.35	0.19	1.00	0.52	0.48	0.44	0.56	0.49	0.42	0.36	0.29	0.24	0.01	0.55
Mn	0.84	0.71	0.74	0.95	0.91	0.91	0.21	0.52	1.00	0.96	0.64	0.52	0.86	0.39	0.66	0.71	0.75	-0.05	0.89
Fe	0.85	0.66	0.69	0.95	0.95	0.95	0.17	0.48	0.96	1.00	0.72	0.48	0.75	0.34	0.69	0.67	0.75	0.02	0.84
Ni	0.56	0.43	0.49	0.69	0.79	0.71	0.06	0.44	0.64	0.72	1.00	0.37	0.46	0.31	0.57	0.45	0.51	0.07	0.61
Cu	0.48	0.26	0.31	0.51	0.46	0.34	0.04	0.56	0.52	0.48	0.37	1.00	0.51	0.62	0.24	0.33	0.37	-0.23	0.62
Zn	0.72	0.77	0.76	0.84	0.65	0.71	0.23	0.49	0.86	0.75	0.46	0.51	1.00	0.31	0.45	0.66	0.66	-0.24	0.85
As	0.28	0.11	0.07	0.37	0.35	0.19	0.15	0.42	0.39	0.34	0.31	0.62	0.31	1.00	0.03	0.29	0.23	-0.24	0.51
Se	0.56	0.46	0.44	0.64	0.69	0.71	0.11	0.36	0.66	0.69	0.57	0.24	0.45	0.03	1.00	0.54	0.47	0.26	0.55
Br	0.35	0.77	0.68	0.73	0.54	0.65	0.21	0.29	0.71	0.67	0.45	0.33	0.66	0.29	0.54	1.00	0.65	-0.07	0.68
Sr	0.48	0.63	0.65	0.76	0.66	0.73	0.21	0.24	0.75	0.75	0.51	0.37	0.66	0.23	0.47	0.65	1.00	-0.1	0.68
Zr	-0.02	-0.14	-0.07	-0.04	0.11	0.11	0.09	0.01	-0.05	0.02	0.07	-0.23	-0.24	-0.24	0.26	-0.07	-0.1	1.00	-0.17
Pb	0.73	0.71	0.63	0.87	0.76	0.75	0.29	0.55	0.89	0.84	0.61	0.62	0.85	0.51	0.55	0.68	0.68	-0.17	1.00

4.3　黑碳与其他大气污染物的相关性分析

4.3.1　黑碳与 $PM_{2.5}$ 、PM_{10} 、SO_2 、NO_2 、O_3 、CO 的相关性分析

选取大气污染物 $PM_{2.5}$ 、PM_{10} 、SO_2 、NO_2 、O_3 、CO，了解黑碳气溶胶与它们的关系，将 2015 年 7 月至 2016 年 6 月武汉地区黑碳观测数据与同期污染物数据（来自武汉市环境保护局网站）进行相关性分析。剔除缺失数据，计算得到：黑碳与 $PM_{2.5}$ 成高度正相关，与 PM_{10} 、CO、SO_2 、NO_2 呈中度正相关，与 O_3 成中度负相关，相关系数分别为 0.863、0.657、0.647、0.518、0.466、-0.366。图 4-1 为黑碳与 $PM_{2.5}$ 、PM_{10} 、

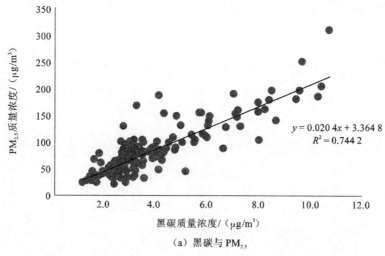

（a）黑碳与 $PM_{2.5}$

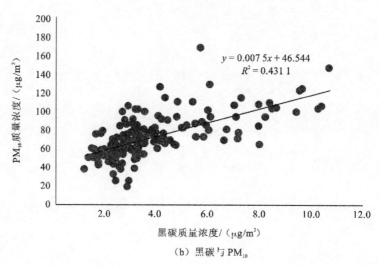

（b）黑碳与 PM_{10}

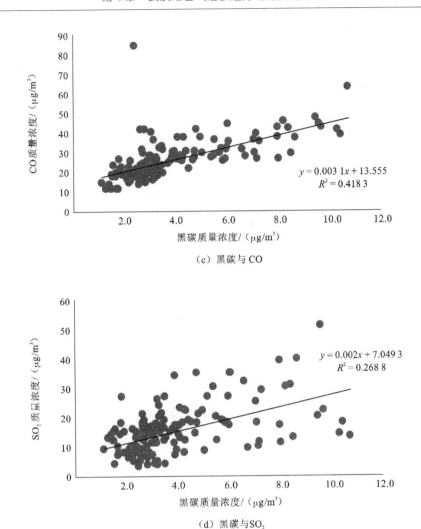

（c）黑碳与 CO

（d）黑碳与 SO$_2$

图 4-1　黑碳质量浓度与 PM$_{2.5}$、PM$_{10}$、CO、SO$_2$ 质量浓度的散点图

CO、SO$_2$ 的散点图，可以看出黑碳与 PM$_{2.5}$、PM$_{10}$、CO、SO$_2$ 分布比较集中，线性关系较好；而城市 PM$_{2.5}$、PM$_{10}$、CO 一般主要来自化石燃料的燃烧，如机动车尾气、工厂和生活燃煤、挥发性有机物（VOC$_S$）排放等。由此可以推断：武汉地区黑碳来源以人为源为主，具体包括各种燃料燃烧源、以汽车尾气排放代表的流动源等。而在一定条件下，空气中的 O$_3$ 易与氮氧化物（O、NO、NO$_2$）进行化学反应，消耗 NO$_2$，增加 O$_3$ 含量，换言之，O$_3$ 与 NO$_2$ 的变化趋势一般相反。而 NO$_2$ 又与黑碳具有中度相关性，因此在一定程度上能够解释黑碳与 O$_3$ 的负相关关系。

　　由于 PM$_{2.5}$、PM$_{10}$、CO 与黑碳具有较好的相关性，日相关系数均大于 0.6。因此重点分析上述三种污染物与黑碳在不同季节的关系，有利于识别黑碳在不同季节的最大污染物影响因子。

　　对比表 4-5 中数据发现：①黑碳与 PM$_{2.5}$ 的相关系数在季节上呈冬季＞夏季＞春

表 4-5　黑碳与 $PM_{2.5}$、PM_{10}、CO 季节相关系数表

季节	相关系数		
	黑碳与 $PM_{2.5}$	黑碳与 PM_{10}	黑碳与 CO
夏	0.81	0.73	0.36
秋	0.60	0.66	0.70
冬	0.89	0.67	0.81
春	0.63	0.55	0.33

季＞秋季变化；与 PM_{10} 季节相关系数呈夏季＞冬季＞秋季＞春季变化；而与 CO 季节相关系数呈冬季＞秋季＞夏季＞春季变化。可以看出，一年中，秋冬季黑碳与 $PM_{2.5}$、PM_{10}、CO 的相关性较高。这种变化与黑碳质量浓度的季节分布趋势吻合，更进一步说明 $PM_{2.5}$、PM_{10}、CO 是武汉地区黑碳的主要来源。②在夏季、冬季、春季，黑碳与 $PM_{2.5}$ 的相关系数值在三者中最大，分别为 0.81、0.89、0.63，说明 $PM_{2.5}$ 是三个季节中对黑碳影响最大的因子，对黑碳质量浓度的贡献较大；而在秋季，黑碳与 CO 的相关系数最大，为 0.7，此时黑碳与 $PM_{2.5}$ 的相关系数却在三者中最小，为何出现这种变化，有待进一步研究。

黑碳质量浓度与 $PM_{2.5}$ 的相关系数 $R^2=0.88359$，黑碳与 PM_{10} 的相关系数 $R^2=0.81196$，相关系数大于 0.8，相关性强，且呈正相关，求其回归方程如图 4-2 和图 4-3 所示。

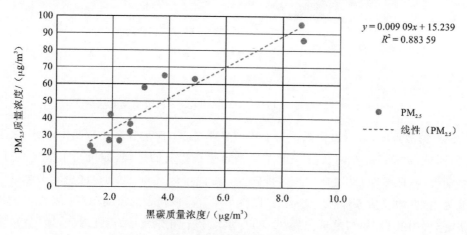

$$y = 0.00909x + 15.239$$
$$R^2 = 0.88359$$

图 4-2　武汉地区黑碳质量浓度与 $PM_{2.5}$ 相关性

4.3.3　黑碳与 SO_2、NO_2、NO、O_3 相关性的空间差异分析

分别对 SO_2、NO_2、NO、O_3 和黑碳质量浓度进行相关性分析，NO_2 和 SO_2 的相关

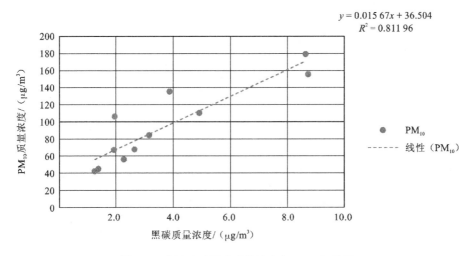

$$y = 0.015\,67x + 36.504$$
$$R^2 = 0.811\,96$$

图 4-3　武汉地区黑碳质量浓度与 PM_{10} 相关性

系数分别为 0.876 9、0.683 2,相关系数大;CO 与黑碳质量浓度的相关系数为 0.006 6,相关性小;O_3 和黑碳质量浓度的相关系数为 $-0.032\,8$,呈较弱的负相关。

将同一日期同一时段不同观测点的黑碳观测数据与 SO_2、NO_2、PM_{10}、CO、O_3、$PM_{2.5}$ 等大气污染物数据进行相关性分析,反映其空间差异的结果见表 4-6。

表 4-6　黑碳与其他污染物的相关系数

观测点	黄鹤楼	内沙湖公园	南干渠游园	解放公园	汉阳公园	中山公园	常青公园	硚口公园	石门峰名人公园	东湖风景区	平均值
SO_2	0.445*	0.594**	0.754**	0.566**	0.466*	0.811**	0.763**	0.664**	0.374	0.527*	0.596 4
NO_2	0.366	0.719**	0.661**	0.484*	0.588**	0.651**	0.461*	0.525*	0.551*	0.738**	0.574 4
PM_{10}	0.804**	0.726**	0.701**	0.611**	0.639**	0.759**	0.581**	0.589*	0.730**	0.588**	0.672 8
CO	0.868**	0.358	0.816**	0.807**	0.775**	0.780**	0.780**	0.868**	0.806**	0.667**	0.752 5
O_3	-0.455*	-0.152	-0.475*	-0.158	-0.563**	-0.310	-0.476*	-0.574*	-0.352	-0.563**	-0.407 8
$PM_{2.5}$	0.966**	0.907**	0.881**	0.842**	0.674**	0.803**	0.765*	0.829**	0.916**	0.535*	0.811 8

* * 为 0.01 水平上相关性显著;* 为 0.05 水平上相关性显著

对比 10 个观测点的黑碳(黑碳)与 SO_2、NO_2、PM_{10}、CO、O_3、$PM_{2.5}$ 的相关性系数发现不同观测点之间的相关性系数并没有很大的波动,说明相关性分析结果并不是某一区域独有的特征,受区域的影响较小。由表 4-6 可知,黑碳与 SO_2、NO_2、PM_{10}、CO、$PM_{2.5}$ 均为显著正相关,与 O_3 为显著负相关,其中,黑碳与 SO_2 的相关性系数均值为 0.596,与 NO_2 的相关性系数均值为 0.574,与 PM_{10} 的相关性系数均值为 0.673,与 CO 的相关性系数均值为 0.753,与 O_3 的相关性系数均值为 -0.408,与 $PM_{2.5}$ 的相关性系数均值为 0.812。

4.4 黑碳和其他大气污染物的多元回归分析

4.4.1 建立黑碳与 $PM_{2.5}$、PM_{10}、CO 的回归方程

多元线性回归分析用于解释一个因变量与多个自变量之间的线性关系,由于黑碳与 $PM_{2.5}$、PM_{10}、CO、O_3、SO_2、NO_2 具有较好的相关性,因此可以将黑碳作为因变量,$PM_{2.5}$、PM_{10}、CO、O_3、SO_2、NO_2 作为自变量,探讨它们之间的线性关系,建立回归方程。

运用 SPSS 多元线性回归分析,采取逐步回归方法,自动对引入模型的变量进行筛选,得到最终的模型系数表,见表 4-7。

表 4-7　模型系数表

要素	B	标准误差	标准系数	T 值	Sig.	容差	VIF
常量	1 493.322	305.887		4.882	0.000		
$PM_{2.5}$	43.623	2.908	1.015	15.002	0.000	0.330	3.0
PM_{10}	−24.505	6.692	−0.276	−3.662	0.000	0.266	3.7
SO_2	40.120	13.190	0.157	3.042	0.003	0.570	1.7

令 X_1 表示 $PM_{2.5}$,X_2 表示 PM_{10},X_3 表示 SO_2,根据模型建立的多元线性回归方程为

$$Y = 1\,493.322 + 43.623X_1 - 24.505X_2 + 40.12X_3 \qquad (4\text{-}1)$$

方程中的常数项为 1 493.322,偏回归系数 b_1 为 43.623,b_2 为 −24.505,b_3 为 40.12,经 T 检验,b_1、b_2、b_3 的概率 P 值分别为 0.000、0.000、0.003,按照给定的显著性水平 0.10 的情形下,均有显著性意义。同时 VIF 值小于经验值 10[98],方程中各变量的多重共线性不明显。同时通过观察回归标准化残差直方图(图 4-4),可以看出标准化残差呈正态分布。

4.4.2 黑碳与颗粒物、CO 的多种模型拟合效果对比

由于黑碳与 $PM_{2.5}$、PM_{10}、CO 具有较高的相关性,相关系数分别为 0.863、0.657、0.647,用 SPSS 的统计方法为黑碳、CO 与颗粒物的相关关系选择合适的曲线模型,各种模型表达式及汇总见表 4-8。

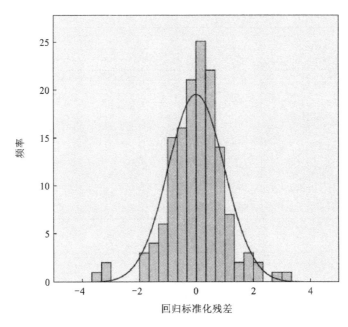

图 4-4　回归标准化残差直方图

表 4-8　各种模型表达式及汇总

模型名称	表达式	模型名称	表达式
线性模型	$y=a+bx$	幂函数模型	$y=ax^b$
对数模型	$y=a+b\ln x$	S 型模型	$y=\exp(a+b/x)$
倒数模型	$y=a+b/x$	增长模型	$y=\exp(a+bx)$
二次模型	$y=ax^2+bx+c$	指数模型	$y=a\exp(bx)$
三次模型(抛物线模型)	$y=ax^3+bx^2+cx+d$	Logistic(逻辑斯蒂)模型	$y=a/(1+b\exp(-cx))$
复合模型	$y=ab^x$		

表 4-8 中 y 为因变量黑碳;x 为自变量 CO;a、b、c、d 都是常数。

将 $PM_{2.5}$ 与黑碳数据代入后得到相应的回归模型汇总和参数估计值,以及回归方程模型图,见表 4-9 和图 4-5。

表 4-9　黑碳质量浓度与 $PM_{2.5}$ 质量浓度的回归模型汇总和参数估计值

模型	模型汇总					参数估计值			
	R^2	F	df1	df2	Sig.	常数	b_1	b_2	b_3
线性	0.744	436.501	1	150	0.000	877.480	36.504		
对数	0.637	263.547	1	150	0.000	−8 590.482	2 934.811		
倒数	0.425	111.036	1	150	0.000	6 262.611	−142 128.839		
二次	0.744	216.797	2	149	0.000	871.829	36.634	−0.001	

模型	模型汇总					参数估计值			
	R^2	F	df1	df2	Sig.	常数	b_1	b_2	b_3
三次	0.755	152.036	3	148	0.000	1 817.590	4.922	0.271	−0.001
复合	0.684	324.688	1	150	0.000	1 781.632	1.008		
幂	0.683	323.517	1	150	0.000	178.946	0.696		
S	0.533	171.002	1	150	0.000	8.754	−36.423		
增长	0.684	324.688	1	150	0.000	7.485	0.008		
指数	0.684	324.688	1	150	0.000	1 781.632	0.008		
Logistic	0.684	324.688	1	150	0.000	0.001	0.992		

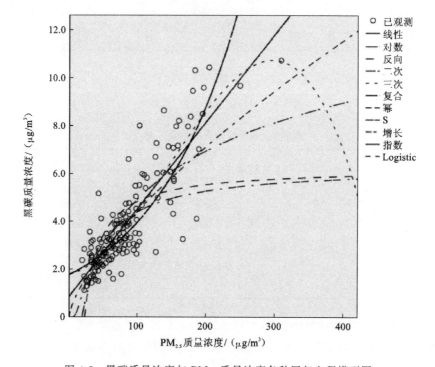

图 4-5　黑碳质量浓度与 $PM_{2.5}$ 质量浓度各种回归方程模型图

在各模型中,利用三次曲线模型求出的 R^2 最大为 0.755,F 为 152.036,P 值符合检验,表达式为

$$Y = 4.922X^3 + 0.271X^2 + 0.001X + 1\ 817.59 \qquad (4-2)$$

式中:Y 为黑碳质量浓度;X 为 $PM_{2.5}$ 质量浓度。

综上所述,利用三次曲线模型,表达式为 $Y = 4.922X^3 + 0.271X^2 + 0.001X + 1\ 817.59$,能很好地描述黑碳质量浓度与 $PM_{2.5}$ 质量浓度的相关关系。

用相同方法可以求出黑碳与 PM_{10}、CO 均用三次曲线模型,R^2 最大,即拟合程度

最好,表达式分别为

$$Y = -179.966X^3 + 2.803X^2 - 0.01X + 5\,588.061 \qquad (4\text{-}3)$$

式中:Y 为黑碳质量浓度;X 为 PM_{10} 质量浓度。

$$Y = -160.752X^3 + 11.229X^2 - 0.11X + 2\,454.995 \qquad (4\text{-}4)$$

式中:Y 为黑碳质量浓度;X 为 CO 质量浓度。

第 5 章　气溶胶组分与气象要素的相关性分析

气溶胶各组分的质量浓度和气象条件有着密不可分的联系，研究表明，气象条件对污染物的扩散、稀释和积累有一定作用，在污染源一定的条件下污染物质量浓度的大小主要取决于气象条件[29]，因此气溶胶各组分的变化特征与气象条件的变化有一定的关系。

5.1　气溶胶组分与温度相关性分析

5.1.1　颗粒物质量浓度与温度的相关性分析

气溶胶中不同粒径的颗粒物很容易受到外部条件的影响，其中气象因子的变化对颗粒物的影响最为明显。因此，讨论气象因子（温度、相对湿度、风速、雨量等）对 $PM_{2.5}$、PM_{10} 和 TSP 质量浓度变化具有重要的作用。利用采集气溶胶样品时记录的气象数据和 $PM_{2.5}$、PM_{10} 和 TSP 质量浓度计算，气象因子与大气颗粒物之间的相关性系数的计算结果见表 5-1。

表 5-1 $PM_{2.5}$、PM_{10} 和 TSP 与气象因子相关系数

参数	平均温度	相对湿度	风速	TSP 质量浓度	PM_{10}质量浓度	$PM_{2.5}$质量浓度
平均温度	1.00	0.27	0.06	−0.64	−0.02	−0.66
相对湿度		1.00	−0.26	−0.43	−0.14	−0.21
风速			1.00	−0.02	−0.24	0.10
TSP				1.00	0.34	0.21
PM_{10}					1.00	−0.11
$PM_{2.5}$						1.00

从表 5-1 可以看出，$PM_{2.5}$和 TSP 质量浓度与平均温度之间呈负相关性，其相关性系数分别为−0.66 和−0.64。表明 $PM_{2.5}$和 TSP 质量浓度随着平均温度的升高而降低，温度对 $PM_{2.5}$和 TSP 质量浓度具有一定的抑制作用，这主要是因为温度的升高对大气颗粒物中无机离子之间的相互转换过程起到了一定的抑制作用，从而降低了颗粒物的质量浓度。

PM_{10}的质量浓度和平均温度之间的相关性很弱，但整体上呈负相关性，相关性系数为−0.02，表明温度对 PM_{10}的影响较弱。

5.1.2 水溶性离子与温度的相关性分析

利用所测的 $PM_{2.5}$中水溶性离子（NH_4^+、K^+、Na^+、Ca^{2+}、Mg^{2+}、F^-、Cl^-、NO_2^-、SO_4^{2-} 和 Br^-）和记录的气象因子（平均温度、相对湿度和风速），讨论气溶胶颗粒物中水溶性离子与气象因子的相关性（表 5-2）。

表 5-2 水溶性离子质量浓度与温度的相关性分析

水溶性离子	相关系数	水溶性离子	相关系数
Na^+	0.19	F^-	−0.22
NH_4^+	−0.26	Cl^-	−0.41
K^+	−0.04	NO_2^-	−0.77
Mg^{2+}	0.10	SO_4^{2-}	0.13
Ca^{2+}	−0.19		

从表 5-2 看出，F^-质量浓度与平均温度呈负相关性，相关性系数为−0.22。Cl^-质量浓度和 NO_2^- 质量浓度分别与平均温度呈明显的负相关性，其相关性系数分别为−0.41 和−0.77。K^+的质量浓度与平均温度呈较弱的负相关性，其相关性系数为−0.04。Mg^{2+}质量浓度与平均温度呈较弱的正相关性，相关性系数为 0.10。Ca^{2+}的质量浓度与平均温度呈弱负相关性，相关性系数为−0.19。

　　图 5-1 是 Na$^+$ 质量浓度与平均温度的相互关系,可以发现 Na$^+$ 质量浓度先随着平均温度的降低而增大,然后随着平均温度的升高而逐渐增大,相关性总体表现为 Na$^+$ 质量浓度随着平均温度的增大而增大,呈不明显的正相关性,从表 5-2 可知,Na$^+$ 质量浓度与温度的相关性系数为 0.19。主要是因为 Na$^+$ 来源于当地城市粉尘和外地输入的粉尘,温度的升高使地表进一步干燥,产生的城市扬尘也随着增多,气溶胶中 Na$^+$ 的质量浓度也随着升高。

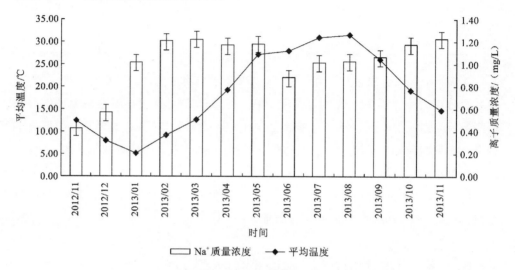

图 5-1　Na$^+$ 质量浓度与平均温度的相互关系

　　图 5-2 是反映 NH$_4^+$ 质量浓度与平均温度的相互关系,可以看出 NH$_4^+$ 平均质量浓度与平均温度的变化趋势相反,即当平均温度上升时 NH$_4^+$ 平均质量浓度降低,在数值上表现为负相关,其相关系数为 -0.26。2013 年 7 月和 8 月月均温度最高,为 31.15 ℃

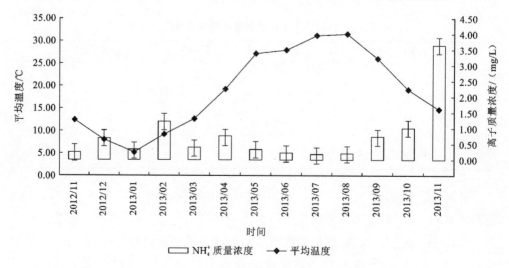

图 5-2　NH$_4^+$ 质量浓度与平均温度的相互关系

和 31.44 ℃,此时 NH_4^+ 平均质量浓度为 0.16 mg/L 和 0.19 mg/L,是全年最小值。

图 5-3 是 NO_2^- 质量浓度与平均温度的相互关系。NO_2^- 受热后非常不稳定,所以温度对 NO_2^- 的影响非常明显。当平均温度很高时 NO_2^- 的质量浓度则会很低,这主要是因为气溶胶中的 NO_2^- 很大部分是来自 NO_x 气体转化生成的 HNO_3 与大气中的 NH_3 反应而生成 NH_4NO_3。这个化学反应过程温度起着重要作用,在冬季温度比较低,NH_4NO_3 不容易分解,NO_2^- 质量浓度较高,而在夏季温度较高,NH_4NO_3 易挥发,导致 NO_2^- 质量浓度减少[63]。

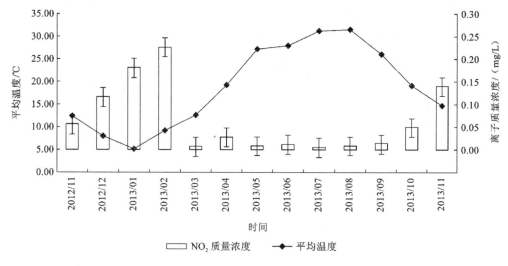

图 5-3　NO_2^- 质量浓度与平均温度的相互关系

图 5-4 是 SO_4^{2-} 质量浓度与平均温度的相互关系,其 $R^2 = 0.13$。从图看出 SO_4^{2-} 质量浓度在 2013 年 1 月至 2013 年 4 月 SO_4^{2-} 质量浓度随着平均温度的升高而增大,

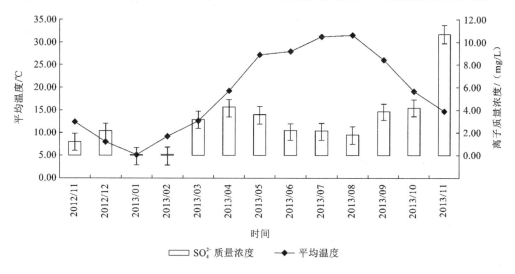

图 5-4　SO_4^{2-} 质量浓度与平均温度相互关系

呈正相关性,而到 2013 年 5 月以后随着平均温度的进一步升高,SO_4^{2-} 质量浓度则出现降低的趋势,到 2013 年 9 月以后,随着气温的降低 SO_4^{2-} 质量浓度又开始增加。表明不同的温度可以影响 SO_4^{2-} 的活化性质。

SO_4^{2-} 一般情况下由工业生产和机动车尾气排放的 SO_2,在大气中经过光化学反应而生成,而温度促进光化学反应,一定条件下当温度升高时光化学反应越强烈,SO_4^{2-} 的质量浓度越高,反之越少。

5.1.3　黑碳质量浓度与温度、能见度、气压的相关性分析

根据美国国际气象数据中心武汉市天河站点的风速、能见度、温度、气压数据作为代表武汉地区的常规气象数据,与 2015 年 7 月至 2016 年 6 月的黑碳质量浓度数据做相关分析,可以得到在 0.01 的水平上,黑碳质量浓度与温度、能见度、气压显著相关,相关系数分别为:-0.637、-0.549、0.574(表 5-3)。

表 5-3　黑碳质量浓度与温度、能见度、气压的相关分析

气象因子	相关系数	黑碳	温度	气压	能见度
黑碳	Pearson 相关性	1	-0.626**	0.523**	-0.529**
	显著性(双侧)	—	0.000	0.000	0.000
	N	152	152	152	152
温度	Pearson 相关性	-0.626**	1	-0.914**	0.241**
	显著性(双侧)	0.000	—	0.000	0.003
	N	152	152	152	152
气压	Pearson 相关性	0.523**	-0.914**	1	-0.083
	显著性(双侧)	0.000	0.000	—	0.309
	N	152	152	152	152
能见度	Pearson 相关性	-0.529**	0.241**	-0.083	1
	显著性(双侧)	0.000	0.003	0.309	—
	N	152	152	152	152

* 代表在 0.05 水平(双侧)上显著相关;** 代表在 0.01 水平(双侧)上显著相关

从表 5-3 可见,黑碳质量浓度和温度呈中度负相关。当温度高时,空气对流运动明显,降水较多,对黑碳的湿沉降作用较大,导致空气中的黑碳含量减小,因此温度与黑碳呈负相关关系。

5.2　气溶胶组分与风向风速的相互性分析

5.2.1　颗粒物质量浓度与平均风速的相关性分析

表 5-1 表明,$PM_{2.5}$ 质量浓度与风速表现为较弱的正相关(其相关系数为 0.1),$PM_{2.5}$ 质量浓度在一定条件下会随着风速的增大而增加,主要是因为风力的增大引起地表扬起的沙尘或焚烧秸秆产生的烟雾中所含的无机离子,通过大气输送或干湿沉降等方式被带到城区,导致 $PM_{2.5}$ 质量浓度增加。而 PM_{10} 和 TSP 质量浓度与风速表现为较弱负相关,其相关系数分别为 -0.24 和 -0.02,表明 PM_{10} 和 TSP 质量浓度随着风速的增大导致其质量浓度降低,说明风速的大小对颗粒物的扩散和转移具有重要的作用。

从以上分析可以看出,相对湿度和风速在 $PM_{2.5}$、PM_{10} 和 TSP 质量浓度变化中起次要作用,而温度在 $PM_{2.5}$、PM_{10} 和 TSP 质量浓度变化中会起到主要作用。

5.2.2　风向风速对水溶性离子的影响

武汉处于北回归线以北,属亚热带季风性气候,其独特的气候特征导致武汉地区的空气质量在冬季和夏季容易受风向和风速的影响。相关研究表明[99,100],风对大气污染物具有扩散作用。一方面,风对具有相同特征的空气整体具有输送作用;另一方面,风向还可以对大气污染物输送和扩散的方向起作用;除此之外,风对大气污染颗粒物质量浓度的具有一定的稀释作用,风速的大小反映大气污染颗粒物质量浓度稀释程度的大小。风力越强,在特定时间内与大气污染物气体与混合的清洁空气流量越大,对大气污染物的稀释的作用就越好。

利用采样期间收集的气象数据,绘制风速风向与气溶胶中水溶性离子之间的相关性图,如图 5-5 和图 5-6 所示。

通过气象数据的统计分析表明:武汉春季以东南风为主导风向,夏季以东南风和偏南风为主导风向,秋季和冬季武汉市主要以北风或偏北风为主导风向。不同季节,不同风向对气溶胶颗粒物的影响程度也不相同。春季盛行东南风,该风向上恰好有公路(友谊大道)和居民区出现,在该路段上下班时间人流量和车流量都比较密集,并且该路段与观测点之间的直线距离不超过 300 m,产生的汽车尾气和餐饮烟气在盛行风的影响下会加强气溶胶颗粒物中水溶性离子的质量浓度,这一点在冬季和春季表现的最明显。夏季武汉盛行南风或东南风,观测点在该风向上没有明显的污染源,

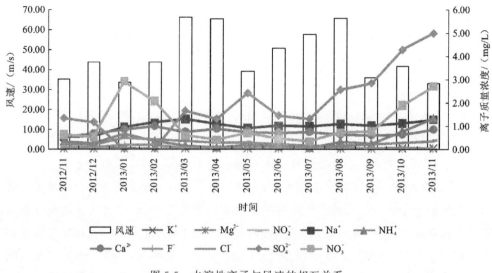

图 5-5　水溶性离子与风速的相互关系

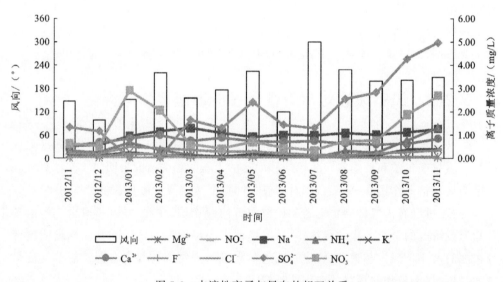

图 5-6　水溶性离子与风向的相互关系

使得夏季颗粒物中的水溶性离子质量浓度降低,这主要由于风对大气污染物的输送和扩散,颗粒物被扩散稀释,颗粒物质量浓度和水溶性离子质量浓度减少。

5.2.3　风向风速对黑碳的影响

风向和风速对大气污染物扩散起着很重要的作用,风向决定着污染物输送的方向,风速决定着对污染物输送的能力。风速越小越不利于大气污染物的输送,特别是静风时非常不利于大气污染物的扩散,使得大量污染物在市区堆积,导致市区环境空气质量恶化。

根据国家气象信息中心分析,武汉的平均风速低于 3 m/s,武汉的盛行风向为东北风。对武汉 2015 年 1 月～2016 年 1 月的天气统计,风力大于 3 级的大风天气只有 37 天不利于大气污染物的扩散。

以 2014 年 12 月 17 日和 21 日为例,根据中央气象局的天气监测显示,17 日无持续风力≤3 级,21 日北风 3～4 级,同时 17 日的气溶胶质量浓度为 1.833 μg/m³, 21 日的气溶胶质量浓度为 2.078 μg/m³。由此可见风速对黑碳溶胶质量浓度有一定的影响。

为了更准确地找出黑碳质量浓度与气象因子的相关性,增加了 CO、$PM_{2.5}$、PM_{10} 3 种污染物进行辅助说明。利用下载的武汉地区 2015～2016 年的气象数据和观测到的黑碳质量浓度进行相关性分析。

从图 5-7(a)可以看出,当风向在东北偏北、风速在 2 m/s 时黑碳质量浓度最大且大于 8.000 μg/m³;当风向为西北偏北、风速为 1 m/s 时,黑碳质量浓度为 0.8～7 μg/m³; 当风速为 1～2 m/s 时,黑碳质量浓度分布比较集中,为 3.0～4.0 μg/m³;当风向为南偏西南、风速为 2～3 m/s 时,黑碳质量浓度最小为 1.0 μg/m³。

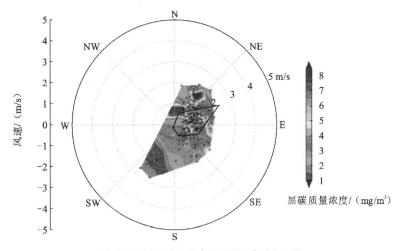

(a) 黑碳质量浓度与风向风速相互关系分布图

从图 5-7(b)可以看出,当风向为东北向、风速在 2 m/s 时,CO 质量浓度最大,为 45～50 mg/m³;当风向为西南向、风速在 3 m/s 时,CO 平均质量浓度相对于其他风向风速条件下的 CO 质量浓度要小,其质量浓度为 10～15 mg/m³;除此之外,风速为 1～2 m/s 时,CO 质量浓度要比大于 1～2 m/s 风速时都要大,其质量浓度为 30～40 mg/m³。

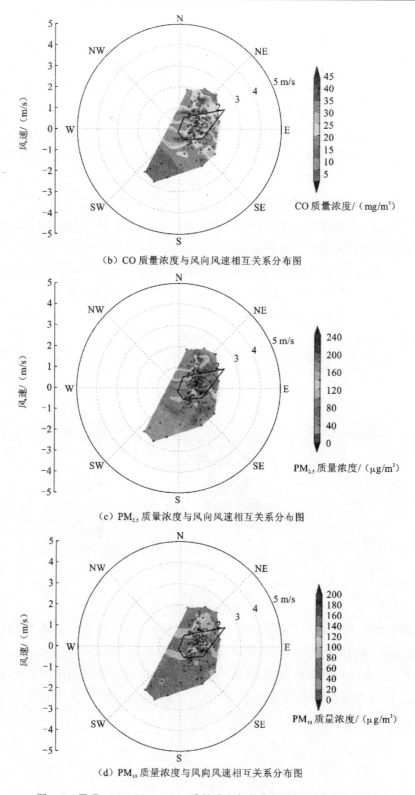

（b）CO 质量浓度与风向风速相互关系分布图

（c）PM$_{2.5}$ 质量浓度与风向风速相互关系分布图

（d）PM$_{10}$ 质量浓度与风向风速相互关系分布图

图 5-7　黑碳、CO、PM$_{2.5}$、PM$_{10}$ 质量浓度与风向风速相互关系分布图

从图 5-7(c)可以看出,$PM_{2.5}$ 的最大值出现在风向为东北向、风速小于 2 m/s 时,$PM_{2.5}$ 质量浓度为 160～200 $\mu g/m^3$;$PM_{2.5}$ 的最小值出现在风向为西南偏南、风速大于 2 m/s 时,其质量浓度为 40 $\mu g/m^3$;当风速小于 1 m/s,$PM_{2.5}$ 质量浓度在各个风向都表现出均质化分布状态,质量浓度小于风速最小时的 $PM_{2.5}$ 质量浓度而大于风速最大时的 $PM_{2.5}$ 质量浓度。

从图 5-7(d)可以看出,PM_{10} 质量浓度最大值出现在风向为东北向、风速小于 2 m/s 时,此时 PM_{10} 质量浓度为 100～120 $\mu g/m^3$;当风向为西南偏南、风速大于 2 m/s 时,PM_{10} 质量浓度出现最小值,质量浓度为 20～40 $\mu g/m^3$;当风速在 2～3 m/s 时,PM_{10} 质量浓度集中在 60～100 $\mu g/m^3$。

这可以解释风向风速对污染物质的扩散输送和稀释作用。城区人口压力大、交通拥挤、工业分布,城区主要污染物质在此处聚集,理论上污染物质量浓度应该最大,但是风对污染物质的输送作用,使中心城区的污染物质向四周进行扩散,污染物质量浓度较低。因此,风向风速在污染物的扩散过程中具有重要作用。

5.3 气溶胶组分与其他气象因子的相关性分析

5.3.1 颗粒物质量浓度与相对湿度的相关性分析

气溶胶中的 $PM_{2.5}$、PM_{10} 和 TSP 的质量浓度随着相对湿度的不断增大而降低。相对湿度越大,颗粒物含量越低。从表 5-1 可以看出,$PM_{2.5}$、PM_{10} 和 TSP 的质量浓度与相对湿度均呈较弱的负相关,相关系数分别为 -0.21、-0.14 和 -0.43,表明当相对湿度增大时 $PM_{2.5}$、PM_{10} 和 TSP 质量浓度会相应降低,进一步验证了相对湿度对大气颗粒物的稀释和冲刷作用。

5.3.2 降水对黑碳质量浓度的影响分析

根据中央气象局发布的天气信息,统计武汉市 2014 年 12 月～2016 年 2 月,各月降水的天数,将降水的天数和武汉市黑碳质量浓度的进行比较,如图 5-8 所示。

研究指出降水对大气污染物有很强的稀释作用,降水与空气质量的好坏成反比。即降水越多空气质量越好,降水量越大空气质量越好。在图 5-8 中可以看出,2015 年 5 月～2015 年 9 月气溶胶质量浓度比较低的时段,相应的降水天数较多,而冬半年,降水天气少,黑碳质量浓度高。

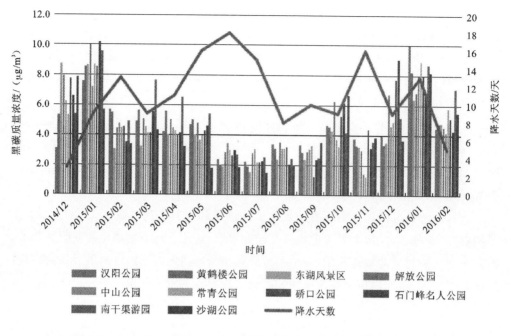

图 5-8　2014 年 12 月至 2016 年 2 月武汉市黑碳质量浓度和降水的比较

5.3.3　能见度、气压对黑碳的影响

能见度是指当时的天气条件下还能够看清楚目标轮廓的最大距离,影响能见度的最主要因素是空气中颗粒物的含量,当颗粒物较多时,能见度较低,而黑碳和颗粒物的高度相关性说明黑碳含量往往随着颗粒物的增加而增加,这就解释了黑碳和能见度相反的变化趋势。

气压与黑碳呈正相关性,当温度较低时,气压较高,空气对流运动不明显,降水对黑碳的湿沉降作用不明显,黑碳质量浓度较高,反之亦然。

5.4　气溶胶组分与部分气象要素的回归分析

5.4.1　多元线性回归分析

采取逐步回归方法,运用 SPSS 分析软件对黑碳、温度、风速、能见度、气压进行多元线性回归分析,对各个变量进行筛选,可以得到最终的模型系数表,见表 5-4。

表 5-4　多元线性回归模型系数表

气象因子	偏回归系数	标准误差	标准系数	T 值	Sig.	容差	VIF
常量	7 571.119	374.998		20.190	0.000		
温度	−133.731	13.892	−0.550	−9.626	0.000	0.915	1.093
能见度	−259.075	34.934	−0.449	−7.416	0.000	0.815	1.226
风速	292.043	137.120	0.129	2.130	0.035	0.813	1.230

令 X_1 表示温度，X_2 表示能见度，X_3 表示风速，根据模型可建立多元线性回归方程：

$$Y = 7\,571.119 - 133.731X_1 - 259.075X_2 + 292.043X_3 \qquad (5\text{-}1)$$

方程中的常数项为 7 571.119，偏回归系数 b_1 为 −133.731，b_2 为 −259.075，b_3 为 292.043，经 T 检验，b_1、b_2、b_3 的概率 P 分别为 0.000、0.000、0.035，按照给定的显著性水平 0.10 的情形下，均有显著性意义。同时 VIF 值远小于经验值 10，方程中各变量的多重共线性不明显。同时通过观察回归标准化残差直方图，如图 5-9 所示，可以看出标准化残差呈正态分布。

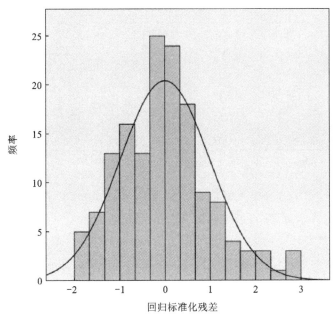

图 5-9　回归标准化残差直方图

5.4.2　日相关分析

根据美国国际气象数据中心武汉市天河站点的风速、能见度、温度、气压数据作为代表武汉地区的常规气象数据,与 2015 年 7 月至 2016 年 6 月的黑碳观测数据做相关分析,可以得到:黑碳与风速、温度、能见度、气压的相关系数分别为 -0.188、-0.628、-0.529、0.523,见表 5-5。其中黑碳与风速在 0.05 水平上基本没有显著性,可能是风速太小或者观测高度不一致导致,具体原因有待进一步探讨。在 0.01 的水平上,黑碳与温度、能见度、气压显著相关。

表 5-5　黑碳与部分气象因子的相关性

气象因子	偏回归系数	黑碳	风速	温度	气压	能见度
黑碳	Pearson 相关性	1	-0.188*	-0.626**	0.523**	-0.529**
	显著性(双侧)	—	0.020	0.000	0.000	0.000
	N	152	152	152	152	152
风速	Pearson 相关性	-0.188*	1	0.247**	-0.227**	0.404**
	显著性(双侧)	0.020	—	0.002	0.005	0.000
	N	152	152	152	152	152
温度	Pearson 相关性	-0.626**	0.247**	1	-0.914**	0.241**
	显著性(双侧)	0.000	0.002	—	0.000	0.003
	N	152	152	152	152	152
气压	Pearson 相关性	0.523**	-0.227**	-0.914**	1	-0.083
	显著性(双侧)	0.000	0.005	0.000	—	0.309
	N	152	152	152	152	152
能见度	Pearson 相关性	-0.529**	0.404**	0.241**	-0.083	1
	显著性(双侧)	0.000	0.000	0.003	0.309	—
	N	152	152	152	152	152

*在 0.05 水平(双侧)上显著相关;**在 0.01 水平(双侧)上显著相关

黑碳与温度、能见度、气压的相关系数为:-0.637、-0.549、0.574。当温度高时,空气对流运动明显,降水较多,对黑碳的湿沉降作用较大,导致空气中的黑碳含量减小,因此温度与黑碳呈负相关关系。关于气压与黑碳的正相关性,不难解释。当温度较低时,气压较高,空气对流运动不明显,降水对黑碳的湿沉降作用不明显,黑碳质量浓度较高,反之则较低。图 5-10 为黑碳与温度、能见度、气压的散点图。

5.4.3　季节相关分析

分析了黑碳与温度、能见度、气压在不同季节的相关关系(表 5-6),在夏、秋、冬季,黑碳与能见度的相关系数绝对值在三者中最大,而与温度的相关系数最小。

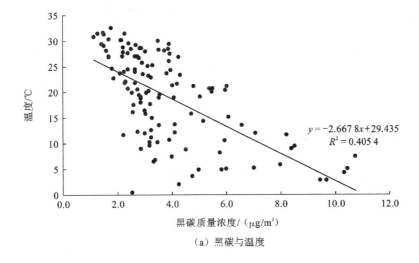

（a）黑碳与温度

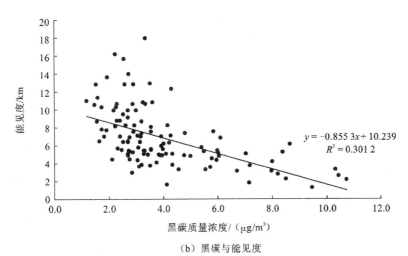

（b）黑碳与能见度

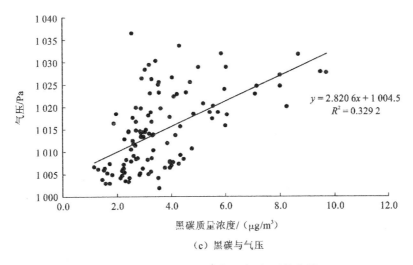

（c）黑碳与气压

图 5-10　黑碳与温度、能见度、气压散点图

表 5-6 黑碳与气压、能见度、温度季节相关系数表

季节	相关系数		
	黑碳与气压	黑碳与能见度	黑碳与温度
夏	0.333	−0.712	−0.291
秋	0.103	−0.516	−0.074
冬	−0.107	−0.698	−0.099
春	0.463	−0.426	−0.338

黑碳与温度、气压的相关系数绝对值最大均出现在春季,而与能见度的较大值则出现在夏季和冬季。春季温度较冬季温度要高,气压较低,降水较多,黑碳质量浓度低;冬季则相反。在春季,气压与黑碳质量浓度的相关性最高,黑碳的质量浓度与温度的相关也是最低。

图 5-11 是不同季节黑碳与能见度、气压、温度的散点图。

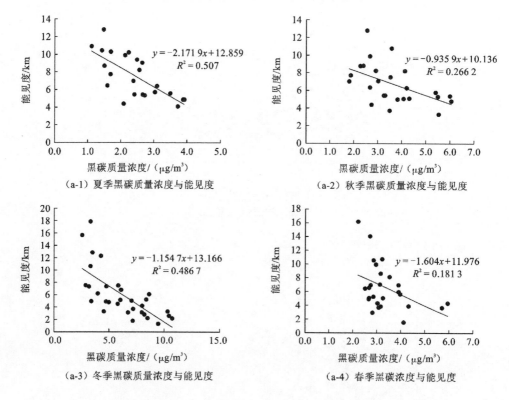

（a-1）夏季黑碳质量浓度与能见度　　　　（a-2）秋季黑碳质量浓度与能见度

（a-3）冬季黑碳质量浓度与能见度　　　　（a-4）春季黑碳浓度与能见度

5.4.4 黑碳与温度、能见度、气压的回归方程的建立

黑碳与温度、能见度、气压呈中度正相关,相关系数分别为−0.637、−0.549、0.574,因此用 SPSS 曲线估计方法找到黑碳与它们各自最好的曲线模型。

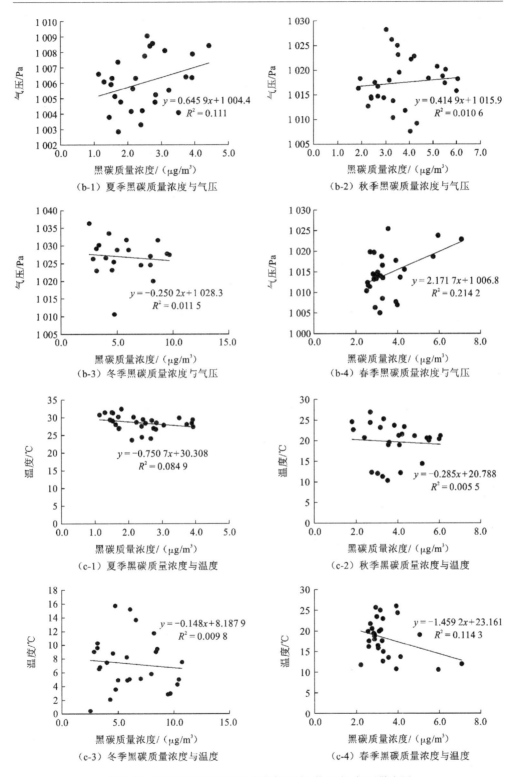

图 5-11　不同季节黑碳质量浓度与温度、能见度、气压散点图

1. 黑碳与温度的回归方程

表 5-7 是黑碳与温度的模型汇总和参数估计值。图 5-12 是黑碳与温度各种回归方程模型图。

表 5-7　黑碳与温度的模型汇总和参数估计值

模型	模型汇总					参数估计值			
	R^2	F	df1	df2	Sig.	常数	b_1	b_2	b_3
线性	0.405	81.121	1	119	0.000	6 739.260	-151.947		
对数	0.322	56.583	1	119	0.000	8 526.834	$-1 686.171$		
倒数	0.025	3.090	1	119	0.081	3 658.949	1 673.478		
二次	0.409	40.886	2	118	0.000	7 186.511	-219.327	1.920	
三次	0.410	27.061	3	117	0.000	7 365.932	-269.599	5.361	-0.066
复合	0.440	93.326	1	119	0.000	6 884.760	0.964		
幂	0.312	53.978	1	119	0.000	9 962.285	-0.385		
S	0.021	2.606	1	119	0.109	8.097	0.358		
增长	0.440	93.326	1	119	0.000	8.837	-0.037		
指数	0.440	93.326	1	119	0.000	6 884.760	-0.037		
Logistic	0.440	93.326	1	119	0.000	0.000	1.037		

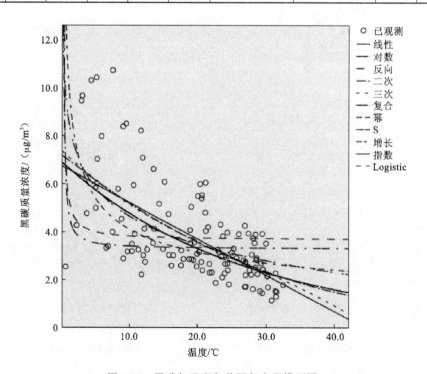

图 5-12　黑碳与温度各种回归方程模型图

观察表 5-6 可以发现，在各模型中，利用增长曲线模型求出的 R^2 最大（为 0.44），F 为 93.326，P 为 0.000，表达式为

$$Y = \exp(8.837 - 0.037X)$$

式中：Y 为黑碳质量浓度；X 为温度。

另外从图 5-12 也可以看出三次曲线模型的拟合程度也是较好的。

综上所述，利用三次曲线模型，表达式为

$$Y = -269.599X^3 + 5.361X^2 - 0.066X + 7\,365.932 \tag{5-2}$$

能很好地描述黑碳质量浓度与温度之间的数量关系。

2. 黑碳与气压的回归方程

用相同方法可以求出：黑碳与气压用 S 曲线模型，R^2 最大，为 0.351，表达式为

$$Y = \exp(38.976 - 31\,331.342/X) \tag{5-3}$$

式中：Y 为黑碳质量浓度；X 为气压。

3. 黑碳与能见度的回归方程

黑碳与能见度用三次曲线模型，R^2 最大，为 0.452，表达式为

$$Y = -2\,025.011X^3 + 153.681X^2 - 3.723X + 11\,125.639 \tag{5-4}$$

式中：Y 为黑碳质量浓度；X 为能见度。

4. 黑碳与 CO 的回归方程

将黑碳质量浓度数据与武汉市环境保护局网站公布的 CO 质量浓度数据进行相关性分析，相关系数为 0.640 9，呈中度正相关，因此可以用 SPSS19.0 的曲线估计方法为黑碳和 CO 探讨选择合适的曲线模型。将黑碳与 CO 质量浓度数据代入 SPSS19.0 中，选择"分析"—"回归"—"曲线估计"，设定参数，框选各种模型，得到表 5-8 和图 5-13。

表 5-8　黑碳质量浓度与 CO 质量浓度模型汇总和参数估计值

方程	模型汇总					参数估计值			
	R^2	F	df1	df2	Sig.	常数	b_1	b_2	b_3
线性	0.411	99.685	1	143	0.000	−180.898	163.564		
对数	0.436	110.475	1	143	0.000	−11 013.201	4 728.202		
倒数	0.370	83.823	1	143	0.000	8 380.053	−98 336.680		
二次	0.483	66.463	2	142	0.000	−3 166.735	364.899	−2.872	
三次	0.575	63.708	3	141	0.000	4 913.160	−432.408	19.464	−0.173
复合	0.425	105.600	1	143	0.000	1 460.062	1.034		
幂	0.520	154.805	1	143	0.000	125.438	1.043		

方程	模型汇总					参数估计值			
	R^2	F	df1	df2	Sig.	常数	b_1	b_2	b_3
S	0.503	144.718	1	143	0.000	9.177	−23.183		
增长	0.425	105.600	1	143	0.000	7.286	0.034		
指数	0.425	105.600	1	143	0.000	1 460.062	0.034		
Logistic	0.425	105.600	1	143	0.000	0.001	0.967		

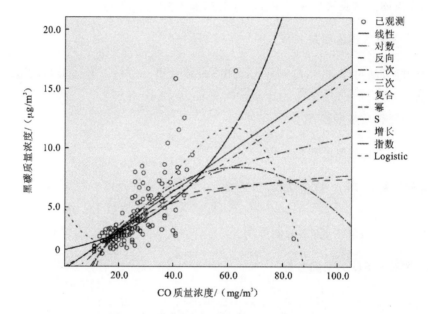

图 5-13　黑碳与 CO 各种回归方程模型图

观察上述图表可以发现,在各模型中,利用三次曲线模型求出的 R^2 最大,为 0.575,F 为 63.708,P 为 0.00,符合检验,表达式为

$$Y = -432.408X^3 + 19.464X^2 - 0.173X + 4\,913.1 \qquad (5\text{-}5)$$

式中:Y 为黑碳质量浓度;X 为 CO 质量浓度。

式(5-5)能很好地描述黑碳质量浓度与 CO 质量浓度的数量相关关系。

第 6 章　基于水溶性离子分析气溶胶的酸碱性

气溶胶影响降水的化学性质的一个重要方面是其酸碱性和酸化缓冲能力,它可以在一定程度上促进和加重降水的酸化,也可以缓冲和抑制降水的酸化。因此,分析和研究气溶胶的酸碱性和酸化缓冲能力不仅能在一定程度上描述气溶胶的污染性质,而且能评价它对降水的作用[49]。

6.1　气溶胶中不同粒级颗粒物的酸碱性计算

气溶胶的酸碱性对大气降水的形成和沉降过程起着十分重要的作用,气溶胶颗粒物酸碱性的强弱,关系到降水和沉积物酸碱性的强弱[101]。气溶胶颗粒物中的各类化学组分进入降水系统后,就会与大气颗粒物中的可溶性离子发生复杂的化学作用,改变了降水的离子组成和酸碱性,从而表现出大气颗粒物具有一定的酸碱性[102]。大气颗粒物的酸碱性取决于大气颗粒物中的水溶性离子的化学成分及其含量的大小。Xu 等[101] 研究发现 F^-、Cl^-、SO_4^{2-} 和 NO_3^- 等阴离子可增加颗粒物的酸性,Na^+、NH_4^+、K^+、Mg^{2+}、Ca^{2+} 等阳离子可增加气溶胶颗粒物中的碱性。本书利用武汉地区 $PM_{2.5}$、PM_{10} 和 TSP 三个粒径范围的每个月样品中的阳离子当量浓度(CE)和阴离子当量浓度(AE)来表现气溶胶颗粒物的酸碱性。计算 CE 和 AE 的离子平衡公式分别为

$$CE=[Na^+]/23+[NH_4^+]/18+[K^+]/39+[Mg^{2+}]/12+[Ca^{2+}]/20 \quad (6\text{-}1)$$
$$AE=[SO_4^{2-}]/48+[NO_3^-]/62+[Cl^-]/35.5+[F^-]/19$$

式中：$[X]$为离子的质量浓度，单位为 mg/L；CE 和 AE 分别为阳离子和阴离子的当量浓度。

利用计算得到的 $PM_{2.5}$、PM_{10} 和 TSP 的 CE 和 AE 分别绘制 $PM_{2.5}$、PM_{10} 和 TSP 中 CE 和 AE 互相变化关系图，如图 6-1～图 6-3 所示。$PM_{2.5}$ 中 CE 平均值为 0.13，CE 为 0.00～0.56；AE 平均值为 0.09，AE 为 0.01～0.76。从图 6-1 可以明显看出 $PM_{2.5}$ 中 CE 与 AE 表现为正相关性，两者的最大值均出现在 2013 年 11 月 14 日，最小值分别出现在 2012 年 12 月 15 日和 2012 年 11 月 27 日。

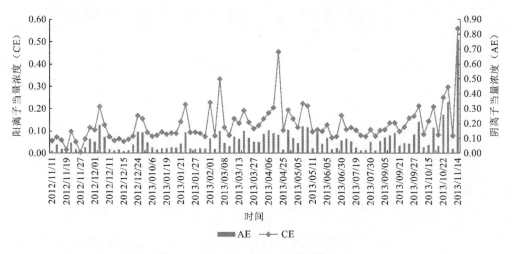

图 6-1　$PM_{2.5}$ 中 CE 和 AE 的变化关系

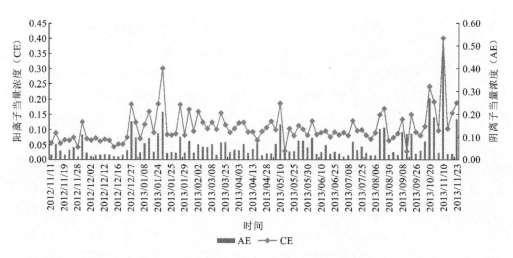

图 6-2　PM_{10} 中 CE 和 AE 的变化关系

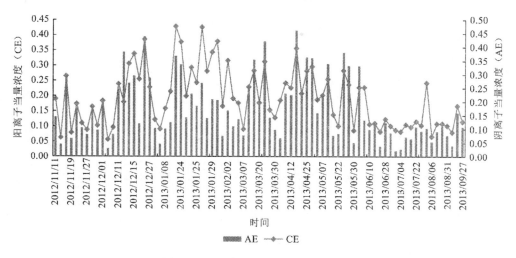

图 6-3　TSP 中 CE 和 AE 的变化关系

PM$_{10}$ 中 CE 平均值为 0.11, CE 为 0.03～0.40; AE 平均值为 0.06, AC 为 0.01～0.51。与 PM$_{10}$ 中离子平均当量浓度相比 PM$_{2.5}$ 中离子平均当量浓度略小, 表明 PM$_{10}$ 中水溶性离子的平均质量浓度要比 PM$_{2.5}$ 中水溶性离子的质量浓度要低。从图 6-2 中可以看出 PM$_{10}$ 中 CE 与 AE 表现为较弱的正相关性, AE 的最高值出现在 2013 年 11 月 10 日, AE 为 0.51, 最小值则出现在 2012 年 11 月 28 日, AE 为 0.01。CE 的最大值与 AE 的最小值出现的时间相同, 最小值出现在 2013 年 9 月 16 日。

TSP 中 CE 的平均值为 0.21, CE 为 0.06～0.48; AE 平均值为 0.16, AE 为 0.02～0.41。与 PM$_{2.5}$ 和 PM$_{10}$ 离子平均当量浓度相比, TSP 中水溶性离子的平均当量浓度最大, 说明 TSP 中水溶性离子的平均质量浓度要比 PM$_{2.5}$ 中水溶性离子的质量浓度要高, 成分更加复杂。图 6-3 是 TSP 中 CE 和 AE 的变化关系, 可以看出 TSP 中 CE 和 AE 呈明显的正相关性, 变化范围较大, 说明 TSP 中水溶性离子的酸碱性对降水或沉降物的影响比其他颗粒物的影响要大。

6.2　气溶胶不同粒级颗粒物的酸碱性分析

本书用 AE 与 CE 的比值来计算气溶胶不同粒级颗粒物的酸度值 Q[67-68], 当 $Q>1$ 时, 表明大气颗粒物偏酸性; 当 $Q<1$ 时, 表明大气颗粒物偏碱性; 当 $Q=1$ 时, 表明大气颗粒物为中性, 计算公式如下所示:

$$Q = AE/CE$$

利用计算得到的 PM$_{2.5}$、PM$_{10}$ 和 TSP 的酸度值 Q, 分别绘制 PM$_{2.5}$、PM$_{10}$ 和 TSP 的酸碱性变化图, 如图 6-4～图 6-6 所示。经过计算, PM$_{2.5}$ 的 Q 平均值为 0.66, 小于

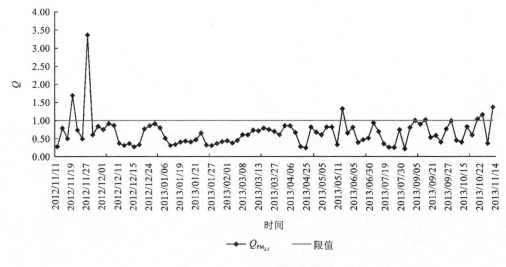

图 6-4　$PM_{2.5}$ 的 Q 变化趋势图

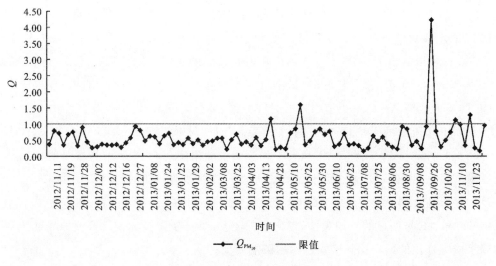

图 6-5　PM_{10} 的 Q 变化趋势图

1,Q 为 0.22~3.36,表明武汉市 $PM_{2.5}$ 呈碱性,Na^+、NH_4^+、K^+、Mg^{2+}、Ca^{2+} 等阳离子在 $PM_{2.5}$ 中起关键作用。从图 6-4 可以看出,$PM_{2.5}$ 的 Q 全年大多数时间均小于 1,说明 $PM_{2.5}$ 是偏碱性。由图 6-4 可知,$PM_{2.5}$ 的 Q 在秋末以后,有明显升高的趋势,到冬季达到最大值。

　　PM_{10} 的 Q 的平均值为 0.56,小于 1,Q 为 0.15~4.22,表明 PM_{10} 呈碱性。与 $PM_{2.5}$ 的 Q 相比略小,表明 PM_{10} 的碱性要比 $PM_{2.5}$ 的碱性要强,对降水和沉降的影响更加明显。图 6-5 是 PM_{10} 的 Q 变化趋势图,可以看出,PM_{10} 的 Q 与 $PM_{2.5}$ 的 Q 的变化趋势相似,Q 全年大多数时间均小于 1,表明阳离子对 PM_{10} 的 Q 影响明显。从季

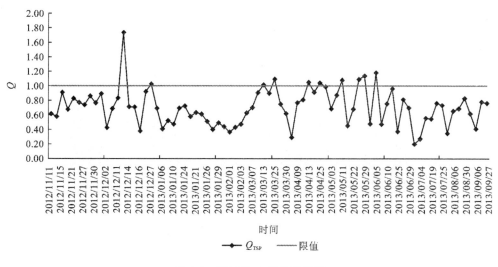

图 6-6　TSP 的 Q 变化趋势图

节变化来看，PM_{10} 的 Q 在夏季最小，即在夏季 PM_{10} 的碱性最强，Q 在秋季达到最大，说明颗粒物中的阴离子对 PM_{10} 的 Q 起决定性作用。

　　TSP 的 Q 平均值为 0.71，小于 1，Q 为 0.20～1.73，表明武汉市 TSP 呈弱碱性。与 $PM_{2.5}$ 的 Q 和 PM_{10} 的 Q 相比，TSP Q 平均值最高，说明在监测到的武汉市大气颗粒物中，TSP 的 Q 最大，从理化性质来看，TSP 的 Q＞$PM_{2.5}$ 的 Q＞PM_{10} 的 Q；碱性程度表现为 TSP＜$PM_{2.5}$＜PM_{10}。从图 6-6 可以看出，TSP 的 Q 变化范围比较大，与 $PM_{2.5}$ 的 Q 和 PM_{10} 的 Q 的变化幅度相比，TSP 的 Q 在一年中的变化规律比较复杂。从季节变化来看，TSP 的 Q 在春夏季表现为弱酸性，在秋冬季表现为弱碱性。这主要是武汉市特殊的地理环境和气候特征引起的。

6.3　气溶胶的酸碱性计算

　　分析和研究气溶胶的酸碱性不仅能描述气溶胶的污染性质，而且能评价它对降水的作用[14,52]，图 6-7 和图 6-8 给出两个粒径范围每月样品的 CE、AE。

　　由图 6-7 可见，阴阳离子质量浓度具有较好的相关性，相关系数 R 均大于 0.8，表明所分析的粒子中水溶性离子为主要种类，无重要离子遗漏。

　　Q 的月分布见表 6-1。

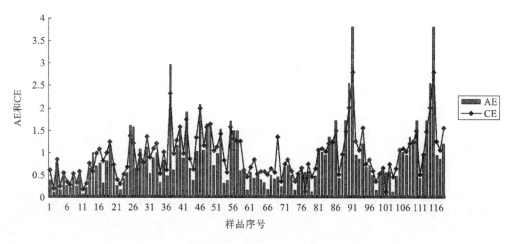

图 6-7　武汉地区 TSP 样品中 CE、AE 分布

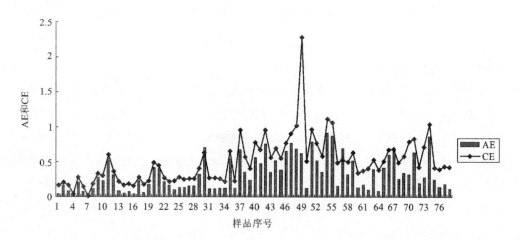

图 6-8　武汉地区 $PM_{2.5}$ 样品中 CE、AE 分布

表 6-1　武汉地区气溶胶 Q 的逐月分布

月	TSP			PM_{10}			$PM_{2.5}$		
	最大值	最小值	平均值	最大值	最小值	平均值	最大值	最小值	平均值
11	1.72	1.09	1.36	2.91	1.27	1.97	3.67	0.29	1.56
12	2.63	0.58	1.41	5.56	1.08	2.95	3.73	1.09	1.94
1	1.71	0.85	1.16	3.75	0.81	1.85	2.4	0.89	1.78
2	1.58	1.22	1.36	2.13	1.33	1.56	1.76	1.21	1.46
3	1.66	0.78	1.15	4.75	1.66	2.32	1.66	1.17	1.46
4	2.68	0.84	1.43	4.81	0.87	2.81	4.16	1.17	2.05
5	2.87	1.07	1.64	2.84	0.63	1.53	3.06	0.76	1.57
6	2.21	0.99	1.48	3.41	1.43	2.73	2.54	1.23	1.97

续表

月	TSP			PM₁₀			PM₂.₅		
	最大值	最小值	平均值	最大值	最小值	平均值	最大值	最小值	平均值
7	1.19	0.86	0.97	6.57	1.61	3.22	3.93	1.34	2.63
8	1.14	0.73	1.15	4.7	3	3.85	4.64	1.25	2.95
9	2.21	0.99	1.34	2.11	4.4	4.31	2.47	0.98	1.58
10	3.48	0.24	1.24	2.05	1.35	1.70	2.21	1.20	1.90
11	1.34	0.86	1.03	6.22	1.05	3.59	3.72	2.36	2.93
年均值	3.48	0.24	1.29	6.57	0.63	2.65	4.64	0.29	1.98

计算得到的 Q 平均值为 1.97,证明气溶胶呈微碱性。同时也可看出 3 月、4 月、7 月、8 月的碱性稍强。

第 7 章　基于 18 种元素分析气溶胶的局地源构成

对气溶胶的物理特征、化学组成的研究,是为了研究颗粒物的来源,为控制和治理大气污染制定措施提供依据。不同污染源排放的颗粒物各有其特征,源解析就是利用各种源的特征,找到源与颗粒物之间的定性或定量的关系,从而为环境治理提供正确的引导,即对气溶胶的元素进行源解析,对环境治理和人类健康预防具有重要意义。

7.1　气溶胶的元素组成特征

不同条件下形成的气溶胶一般成分差异很大,分析气溶胶的元素组成不仅可以了解气溶胶的性质、危害程度,还可以间接判断其来源提供重要依据。

表 7-1 是将这些元素的质量浓度-时间响应曲线按着其变化特征分成三组,每组元素代表一定的污染来源:第一组元素为 S、Zn、Cl、Pb 等,代表典型的人为污染源;第二组元素为 Ca、Ti、V、Fe 等地壳元素,代表土壤类排放源;第三组元素为 K 等盐类元素,代表生物质燃烧源。

表 7-1　三组元素质量浓度的占比一览表

元素	S、Zn、Cl、Pb 等	Ca、Fe 等	K 等
11 月	33.74%	53.72%	9.54%
12 月	32.13%	55.53%	9.86%
1 月	25.14%	60.26%	11.62%
2 月	22.98%	62.92%	10.11%
3 月	25.19%	60.71%	10.73%
4 月	32.38%	52.76%	11.59%
平均值	28.59%	57.68%	10.58%

　　通过计算各组元素占总质量浓度的百分比,来分析所采集到的实验样品中三类污染物质的相对比重。其中人为污染源占总质量浓度的 28.59%;土壤类排放源占总质量浓度的 57.68%;生物质燃烧源占总质量浓度的 10.58%。这三组元素的质量浓度和占总质量浓度的 96.85%。由此可见,气溶胶元素以土壤类排放源为主。

　　国内外学者对不同来源的气溶胶污染物做了大量研究[30],区分出了各种源尘的特征标志元素,见表 7-2。

表 7-2　各类污染源的特征元素

排放源类型	特征元素
地面扬尘	Si、Al、Ca、Mg、Na、Fe、Mn
建筑尘	Ca
机动车排放	Pb、Ba、Br
燃煤源	Se、As、Sb、Ti、Hg、S
冶金化工尘	Fe、Zn、Mn、Ni、Cu、Pb、Cr、Co、Cd
燃油尘	Ni、V、Co、Cu、S
植物及垃圾焚烧	Zn、K

　　本书分别利用三种统计方法对湖北大学地区气溶胶中的污染物进行污染源解析,所得的分析结果一致,现分述之。

7.2　气溶胶中元素的富集特征

　　富集因子也称富集系数(EF),它被定义为元素或其化合物在海洋气溶胶中的组成与它们来源组成的比值,其优点是能消除采样过程中各种不定因素的影响,用相对质量浓度来解释污染源的性质。通常应用富集因子法研究气溶胶粒子中元素的富集程度,从而进行大气污染状况分析,判断自然与人为污染来源对大气污染的贡献。EF 用下式计算:

$$EF = (C_i/C_r)_{气溶胶}/(C_i/C_r)_{地壳}$$

式中:EF 为富集因子;C_i 为研究元素 i 的质量浓度;C_r 为所选参比元素的质量浓度;$(C_i/C_r)_{气溶胶}$ 为当前气溶胶中元素与参比元素的比值;$(C_i/C_r)_{地壳}$ 为地壳中相对应元素的平均含量与参比元素的平均含量比值。

参比元素一般是选择地壳中大量存在的、人为污染很小、化学稳定性好和挥发性较低的元素。国际上多选用 Fe、Al 或 Si 作为参比元素。本书选择 Fe 作为参比元素,计算结果见表 7-3。

表 7-3   TSP 中部分元素的富集因子

元素	S	Cl	K	Ca	Ti	V	Cr	Mn	Pb
秋季	239.07	94.06	1.21	1.86	0.35	0.68	2.68	1.57	255.80
冬季	177.82	99.81	1.04	1.74	0.39	0.45	1.64	1.55	201.16

元素	Ni	Cu	Zn	As	Se	Br	Sr	Zr	
秋季	4.49	7.31	51.83	465.07	4 400.58	1 362.47	1.34	3.25	
冬季	2.35	4.67	46.30	272.30	2 857.71	957.66	1.07	1.40	

对元素按 EF≤20、20<EF<200 和 EF≥200 分为 3 类:不富集、中等富集、高度富集,结果是 Se、Br、Pb、As 元素的 EF(204.19~4 285.21)≥200,S、Cl、Zn 元素的 EF(27.51~134.65)介于 20~200,Ni、Cu、Sr、Zr、Ca、K、V、Cr、Mn、Ti 元素的 EF(0.36~6.75)≤20,说明这三组元素分别是高度富集、中等富集和不富集。

Se、Br、Pb、As、S、Cl、Zn 元素在研究区 TSP 气溶胶中明显富集,说明这些元素受地壳活动及土壤扬尘的影响较小,与人类活动有关,是人为污染物。Br、Pb、Zn 的高度集反映了机动车尾气排放的贡献。观测点湖北大学坐落于市内环线友谊大道(武青三干道)上,紧连交通要道和平大道、徐东大街(路)、团结大道,交通发达。根据监测,徐东路口每天有两个高峰时段,高峰时刻整个徐东路口机动车总流量约 1.8 万辆/h,并且徐东平价等商业开发造成该处人流量过大,从而堵车现象严重,可能为机动车尾气污染的原因。Se、Aa、Cl 元素的高 EF 反映了燃煤源的贡献,尤其是 Se、As 主要是来自燃煤源。Cl 元素来源于生物质燃烧等,观测点附近餐饮业发达,可能成为污染源。而 S 元素的高 EF 反映了燃油废气的贡献。Ni、Cu、Sr、Zr、Ca、K、V、Cr、Mn、Ti 元素的低 EF 说明这些元素主要来源于自然源土壤尘。

7.3　气溶胶的因子分析

7.3.1　主因子分析

为了了解气溶胶的污染源类型及其相对贡献,本书对武汉地区的气溶胶进行了因子分析。因子分析法是多元统计分析方法中的一种,是目前常用的气溶胶源解析方法,其原理是基于气溶胶与污染源有关的变量之间存在着某种相关性,在不损失主要信息的前提下,将一些具有复杂关系的变量或样品归结为数量较少的几个综合因子,可用下式表达:

$$X_{ji} = a_{j1}F_{1i} + a_{j2}F_{2i} + \cdots + a_{jp}F_{pi} + d_j U_{ji}$$

式中:X_{ji} 为对所有变量都适用的一些因子;F_{ji} 和对每一变量适用的唯一因子;U_{ji} 的线性组合;a_{ji} 为对每个变量的因子负载系数;d_j 为对唯一变量 j 的标准回归系数。

因子分析的主要目的是求出公因子数的因子负载系数 a_{ji},因子负载系数的大小反映因子与变量间的相关程度。此法用气溶胶的实测元素质量浓度进行运算,再结合被测地区的具体情况进行分析,获得主要污染来源。

运用 SPSS 进行因子分析及主成分分析,得到了湖北大学冬秋两季气溶胶元素因子分析的因子载荷矩阵,见表 7-4。

表 7-4　因子载荷矩阵得分系数一览表

元素	因子			
	F_1	F_2	F_3	F_4
S	−0.137	0.146	0.226	−0.095
Cl	0.018	−0.071	0.252	−0.166
K	0.057	0.014	0.112	0.005
Ca	0.192	−0.064	−0.045	0.016
Ti	0.156	−0.106	0.058	−0.034
V	0.009	−0.026	0.050	0.731
Cr	0.131	0.084	−0.182	0.076
Mn	0.070	0.040	0.058	0.007
Fe	0.122	−0.022	0.039	0.015
Ni	0.312	−0.029	−0.362	0.091
Cu	−0.065	0.239	−0.010	0.079
Zn	−0.037	0.140	0.089	−0.118

元素	因子			
	F_1	F_2	F_3	F_4
As	−0.039	0.257	−0.109	0.333
Se	0.284	−0.181	−0.139	−0.006
Br	−0.184	−0.137	0.651	0.112
Sr	0.025	0.008	0.110	−0.051
Zr	0.129	−0.376	0.219	0.271
Pb	0.012	0.180	−0.043	0.050

从表 7-3 可看出,观测点附近的因子分析中共识别出四个主要因子 $F_1 \sim F_4$,描述了变量总方差贡献的 87.41%。

由此可判断在第一因子 F_1 中,元素 Ni、Ca、Se 有高因子载荷。可判断 F_1 可能是冶金化工尘和建筑尘相关的排放源。分析研究区具体情况,本区道路等级不高,周围建筑施工现象普遍,存在大量裸露地面,各类堆放场较多,在不利的气象条件下,堆放物尘对气溶胶的贡献也较大。

F_2 中高因子载荷是元素 S、Cu、As、Zr、Ti,这些元素的集中出现很可能与燃煤燃油、生物质燃烧或餐饮烹饪有关的排放源有关。分析研究区具体情况,湖北大学周围餐饮业发达,可能导致 S、Cu、As、Zr、Ti 元素的污染。

F_3 中高因子载荷的元素是 Cl、Ni、Br,与机动车尾气排放有关。观测点湖北大学地处交通要道,大量的机动车辆成为污染源。

F_4 中高因子载荷的元素是 V,为燃油尘。

从因子分析结果可知,武汉市湖北大学地区的气溶胶具有显著的多源性,主要为地面扬尘、冶金化工尘、建筑尘、机动车排放、燃煤和燃油尘的产物,与前期研究结论相符。

7.3.2　湖北大学地区与典型污染源排放区的气溶胶元素相关性分析

相关分析是通过相关系数来衡量变量之间的紧密程度,在大气颗粒物中同一来源的物质在大气传输过程中保持着较好的定量关系。通过分析大气颗粒物中元素之间的相关系数的相对大小,将有助于了解其来源和它们在气溶胶中的分布特点。

从表 7-5 可以看出,湖北大学地区的 TSP 与 Ca、Fe、K、Cl、Ti、Mn 的相关系数较大,表明 TSP 受上述元素的影响较大,参照表 7-2 所列的各种污染源的特征标志元素可知,湖北大学地区的 TSP 主要受地面扬尘因素和建筑尘因素的影响,即道路上交通车辆扬起的地面灰尘和建筑灰尘为该地区的主要污染物来源;同时,K 与 Ti、Mn、Fe 元素间的相关系数较大,相对而言,地面扬尘因素比建筑尘因素对 TSP 的影响更大。

表 7-5　湖北大学地区 TSP 及各元素的相关矩阵

元素	TSP	S	Cl	K	Ca	Ti	V	Cr	Mn	Fe	Ni	Cu	Zn	As	Se	Br	Sr	Zr	Pb
TSP	1.00	0.64	0.76	0.88	0.82	0.82	-0.17	0.29	0.84	0.85	0.56	0.48	0.71	0.28	0.56	0.35	0.48	-0.02	0.73
S	0.64	1.00	0.81	0.61	0.62	0.25	0.33	0.23	0.71	0.66	0.43	0.26	0.77	0.11	0.46	0.77	0.63	-0.14	0.71
Cl	0.76	0.81	1.00	0.79	0.61	0.71	0.21	0.33	0.74	0.69	0.49	0.31	0.76	0.07	0.44	0.68	0.65	-0.07	0.63
K	0.88	0.61	0.79	1.00	0.89	0.92	0.16	0.48	0.95	0.95	0.69	0.51	0.84	0.37	0.64	0.73	0.76	-0.04	0.87
Ca	0.82	0.62	0.61	0.89	1.00	0.92	0.06	0.49	0.91	0.95	0.79	0.46	0.65	0.35	0.69	0.54	0.66	0.11	0.76
Ti	0.82	0.25	0.71	0.92	0.92	1.00	0.17	0.35	0.91	0.95	0.71	0.34	0.71	0.19	0.71	0.65	0.73	0.11	0.75
V	-0.17	0.33	0.21	0.16	0.06	0.17	1.00	0.19	0.21	0.17	0.06	0.04	0.23	0.15	0.11	0.21	0.21	0.09	0.29
Cr	0.29	0.23	0.33	0.48	0.49	0.35	0.19	1.00	0.52	0.48	0.44	0.56	0.49	0.42	0.36	0.29	0.24	0.01	0.55
Mn	0.84	0.71	0.74	0.95	0.91	0.91	0.21	0.52	1.00	0.96	0.64	0.52	0.86	0.39	0.66	0.71	0.75	-0.05	0.89
Fe	0.85	0.66	0.69	0.95	0.95	0.95	0.17	0.48	0.96	1.00	0.72	0.48	0.75	0.34	0.69	0.67	0.75	0.02	0.84
Ni	0.56	0.43	0.51	0.69	0.79	0.71	0.06	0.44	0.64	0.72	1.00	0.37	0.46	0.31	0.57	0.45	0.51	0.07	0.61
Cu	0.48	0.26	0.31	0.51	0.46	0.34	0.04	0.56	0.52	0.48	0.37	1.00	0.51	0.62	0.24	0.33	0.37	-0.23	0.62
Zn	0.71	0.77	0.76	0.84	0.65	0.71	0.23	0.49	0.86	0.75	0.46	0.51	1.00	0.31	0.45	0.66	0.66	-0.24	0.85
As	0.28	0.11	0.07	0.37	0.35	0.19	0.15	0.42	0.39	0.34	0.31	0.62	0.31	1.00	0.03	0.29	0.47	-0.24	0.51
Se	0.56	0.46	0.44	0.64	0.69	0.71	0.11	0.36	0.66	0.69	0.57	0.24	0.45	0.03	1.00	0.54	0.47	0.26	0.55
Br	0.35	0.77	0.68	0.73	0.54	0.65	0.21	0.29	0.71	0.67	0.45	0.33	0.66	0.29	0.54	1.00	0.65	-0.07	0.68
Sr	0.48	0.63	0.65	0.76	0.66	0.73	0.21	0.24	0.75	0.75	0.51	0.37	0.66	0.23	0.47	0.65	1.00	-0.1	0.68
Zr	-0.02	-0.14	-0.07	-0.04	0.11	0.11	0.09	0.01	-0.05	0.02	0.07	-0.23	-0.24	-0.24	0.26	-0.07	-0.1	1.00	-0.17
Pb	0.73	0.71	0.63	0.87	0.76	0.75	0.29	0.55	0.89	0.84	0.61	0.62	0.85	0.51	0.55	0.68	0.68	-0.17	1.00

　　对湖北大学地区与六个典型污染源排放区的气溶胶元素进行相关性分析结果见表 7-6。可以看出湖北大学地区(混合区)与建筑源地区气溶胶元素相关性最高,相关系数达到 0.936,其次是与交通源和餐饮源地区,相关系数分别为 0.731 和 0.762,这说明湖北大学地区气溶胶主要由建筑源、交通源和餐饮源贡献。

表 7-6　湖北大学地区与六个不同污染源排放区的气溶胶元素相关系数

污染源	湖北大学地区
建筑源	0.936
交通源	0.731
工业源	0.588
餐饮源	0.762
生物物质燃烧源	0.325
居民烹饪源	0.255

　　总之,湖北大学地区(混合接收区)气溶胶的元素组成表明,该地区气溶胶中元素 Ca、Fe、K、S 含量较高,说明本地区气溶胶元素以地壳元素为主;通过 TSP 中各元素的相关性分析、气溶胶的因子载荷分析,以及湖北大学地区(混合区)与六个典型污染源排放区的气溶胶元素相关性分析得到:建筑源、交通源和餐饮源是湖北大学地区大气污染物的主要来源。

第 8 章 基于黑碳进行气流运动潜在源区的轨迹分析

8.1 武汉地区黑碳的来源分析

后向轨迹模式采用美国国家海洋和大气管理局空气资源实验室开发的 HYSPILT-4 版本,该模型在平流和扩散计算时采用拉格朗日方法,而污染物的质量浓度计算则采用欧拉方法,它被广泛应用于分析污染物来源和确定传输路径等[103]。一个地区的黑碳污染除了本地污染源之外,还与外来污染源有关。在一定天气条件下,外来污染物会随着气流输送到该地区,影响黑碳质量浓度水平。选取 2015 年 7 月 17 日、10 月 17 日和 2016 年 1 月 17 日、4 月 17 日四个黑碳污染较重日期,运用拉格朗日混合单粒子轨迹模式(HYSPLIT-4)计算到达武汉市(114.32°E,30.55°N)起始点高度为 500 m 的 168 h 后向轨迹,以了解黑碳的来源、路径。相关研究表明,低层风场是决定周边排放源贡献大小的主要因子,一般在约 300 m 以上为大尺度远距离输送,即受周边源的影响显著区[104],因此选择 500 m 作为武汉市起始点高度,这个高度的风场能够反映边界层平均流畅特征,准确描述到达武汉市的气团运动轨迹。

不同日期武汉地区 168 h 后向轨迹图如图 8-1 所示,红色、蓝色、绿色分别代表 100 m、500 m、700 m 高度上的后向轨迹。

2015 年 7 月,在 500 m、1 000 m 高度上,来自南极附近的空气

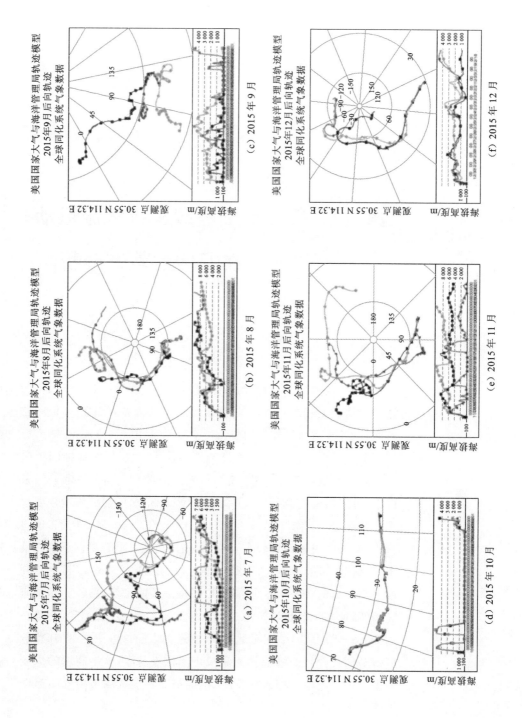

（a）2015 年 7 月　　　　（b）2015 年 8 月　　　　（c）2015 年 9 月

（d）2015 年 10 月　　　　（e）2015 年 11 月　　　　（f）2015 年 12 月

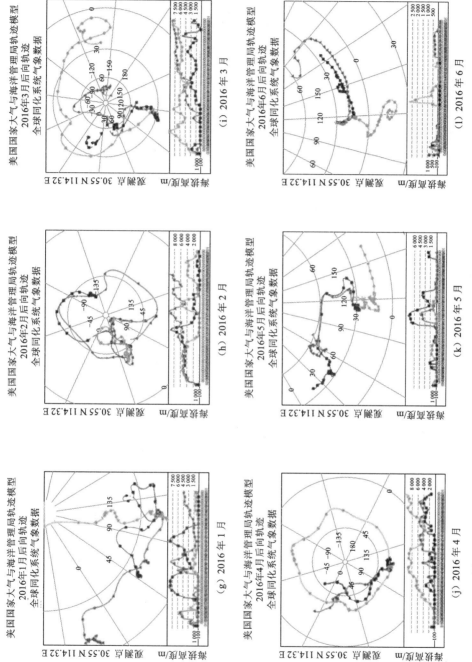

图 8-1　2015-2016 年武汉地区不同高度（距地面 100 m、500 m 和 1 000 m）的 720 h 方向轨迹图

气团向东沿南极圈至澳大利亚西海岸,然后向西北方向运动到印度洋中部地区,转向东北穿越缅甸湾、缅甸、泰国、越南,到达海南岛东部海域附近北上,经过广东、湖南等地到达武汉地区;在100 m高度上,局地气团经过湖南省到达武汉。

2015年8月,在1 000 m高度上,来自巴西东部海岸的气团在北大西洋上空沿"圆圈"轨迹运动,之后向东穿越地中海、哈萨克斯坦、蒙古国、内蒙古自治区;在500 m高度上,来自非洲东北部、北大西洋附近海域的空气气团向东经地中海、中东地区、中亚地区,到达内蒙古自治区,与100 m、1 000 m高度上的两股气流汇合,途径我国山西、河南等省,到达武汉。

2015年9月,在1 000 m高度上,来自印度南部、斯里兰卡西部海域附近的空气气团向北沿印度东海岸、尼泊尔、西藏自治区运动,然后横穿我国中部,到达东部沿海地区,并在附近海域作不规则运动,最后调转方向,向西到达武汉;500 m高度上起源于冰岛南部、英国西部的北大西洋附近海域的空气气团向北到达挪威、芬兰后,转向东南穿越俄罗斯、哈萨克斯坦,也到达内蒙古自治区。与100 m高度气流相遇后依次经过辽宁省、黄海、江苏省、安徽省等地到达武汉。

2015年10月,在100 m、500 m、1 000 m三个高度上的空气气团运动轨迹基本一致(同一气团)。源于巴基斯坦东部地区的空气气团沿东南方向到达印度与孟加拉交界处附近,这一过程中,气团的高度较低。当穿越喜马拉雅山脉,到达云南省东南部之后,气团的高度经历了先低后高的变化。最后向东经过四川省、重庆市,到达武汉。

2015年11月,1 000 m高度上来自夏威夷群岛北部海域的空气气团一路向东,横穿美国南部地区和北大西洋,经地中海、中亚地区到达武汉。然后与500 m高度气流相遇、汇合,沿青海省、甘肃省、陕西省运动,最后抵达武汉;在100 m高度上,经过四川省北部、重庆市到达武汉。

2015年12月,1 000 m高度上的气团源于加拿大北部、靠近北极附近的地区,向东运动与500 m高度上气团汇合,沿途依次穿越北欧地区、西亚地区、中亚地区、蒙古国西南部、内蒙古自治区、河南省到达武汉;100 m气流南下经内蒙古自治区、陕西省、河南省到达武汉。

2016年1月,在1 000 m高度上,来自格陵兰岛西部的空气气团向北穿过北极地区,然后南下跨越俄罗斯中部、蒙古国、河北省、天津市、山东省、江苏省、安徽省,达到湖南省,最后调转方向北上,到达武汉;500 m高度上,来自红海附近的空气气团向北穿过哈萨克斯坦,到达俄罗斯中部地区,接着南下经蒙古国、内蒙古自治区、至陕西省,然后沿山东半岛-朝鲜半岛-中国东北-华北地区作类似"圆圈"的轨迹运动,最后经过山西省、河南省到达武汉;在100 m高度上,气团经过四川省、重庆市到达武汉。

2016年2月,1 000 m高度上来自中东地区的空气气团北上在北欧附近作了类似"圆圈"轨迹运动,也到达俄罗斯北部地区。与500 m、100 m高度气团汇合,贯穿俄罗斯中部,经过蒙古国、内蒙古、陕西、山西、河南等地,到达武汉。

2016 年 3 月,1 000 m 高度上,起源于夏威夷群岛和美国本土之间海域附近的空气气团在作了类似"圆圈"轨迹运动后,沿墨西哥—北大西洋—北非—中东—哈萨克斯坦方向运动,最后经新疆维吾尔自治区、内蒙古自治区、陕西省到达武汉;在 500 m 高度上,来自欧洲南部、地中海附近的空气气团经东欧到达俄罗斯,然后穿过蒙古国,在中国华北地区南下至湖南省,最后调头到达武汉;在 100 m 高度上,经中国华北地区、江苏省、安徽省,到达武汉。

2016 年 4 月,在 1 000 m 高度上来自广东省、湖南省的空气气团沿川藏—西亚—中东—地中海—北非—北大西洋—美国—北太平洋作了一个全球大尺度的类似"圆圈"的轨迹运动,最后从江苏省、安徽省等地,到达武汉地区;500 m 高度上来自英国西海岸附近海域的空气气团穿过北欧、东欧、中东、中亚,也到达此地。与 100 m 高度气团汇合然后以相同的轨迹,大致沿蒙古国西南部、内蒙古自治区、陕西省,最后到达武汉。

2016 年 5 月,在 1 000 m 高度上来自北太平洋中部海域的空气气团一路向西前进,经过菲律宾北部、南海,然后沿越南—中国海岸线北上,从广西壮族自治区、广东省交界处及湖南省方向到达武汉;500 m 高度上起源于地中海海域附近的空气气团沿西亚北上,然后与 100 m 高度气团汇合,经过中国东北、朝鲜半岛、黄海、从江苏省、安徽省方向抵达武汉地区。

2016 年 6 月,在 1 000 m 高度上来自澳大利亚西北岸附近海域的空气气团沿西北方向,经过印度尼西亚,然后转向西北穿过菲律宾西海岸、南海东部,在广东省附近海域与 500 m 和 1 000 m 高度上的空气气团汇合,三股气团经过广东省、湖南省等地到达武汉地区。

综上所述,受大尺度天气系统的影响,武汉地区 12 个月气团的传输方向、路径及高度都存在着季节差异,其中高空远距离气团传输贡献在冬季(12 月、1 月、2 月)较大,对长期灰霾过程起决定性作用[105]。

武汉地区黑碳质量浓度的月际变化明显,1 月>12 月>2 月>10 月>3 月>5 月>11 月>4 月>9 月>8 月>6 月>7 月,呈冬季(6.191 $\mu g/m^3$)>秋季(3.563 $\mu g/m^3$)>春季(3.379 $\mu g/m^3$)>夏季(2.486 $\mu g/m^3$)的变化趋势;高空气团中,6 月、7 月、8 月空气气团主要来自北太平洋附近海域,9 月、10 月、11 月则来自加拿大北部和东部附近海域,12 月、1 月、2 月来自俄罗斯和加拿大附近的北极地区,而 3 月、4 月、5 月空气气团来源比较分散,主要来自加拿大地区;中低空气团中,6 月、7 月、8 月空气气团主要来自广东省、湖南省等地,9 月、10 月、11 月则经过四川省北部、重庆市到达武汉,12 月、1 月、2 月经内蒙古自治区、陕西省、河南省到达武汉地区,而 3 月、4 月、5 月空气气团经江苏省、安徽省,到达武汉。

这表明在区域污染背景下,远源污染、局地源污染共存且季节差异较明显,因此与周边地区污染物协同控制才可能有效改善武汉空气质量。

8.2 黑碳气流运动轨迹的季节变化规律

运用 HYSPLIT-4 模型后向轨迹方法对武汉地区三个高度层 100 m、500 m、750 m 空气气团按照不同季节(图 8-2)进行运动轨迹分析,可以了解气溶胶的来源。

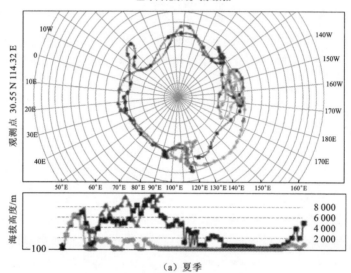

（a）夏季

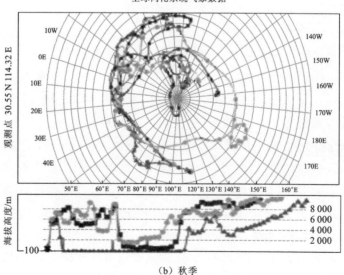

（b）秋季

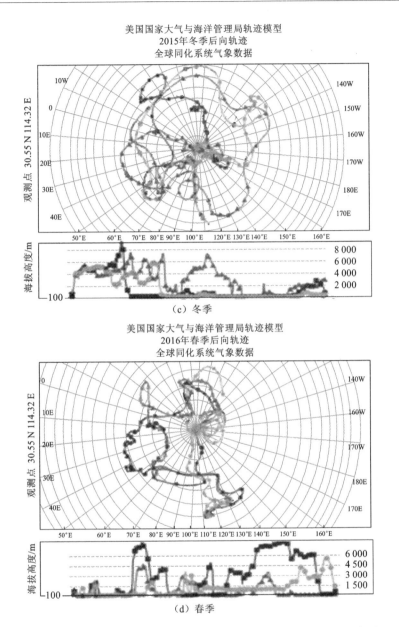

图 8-2　武汉市 2015 年夏季至 2016 年春季气流运动的轨迹分析示意图

1. 夏季

2015 年夏季，100 m 高度上起源于北太平洋北部、白令海峡南部附近海域的空气气团向东依次经过美国、北大西洋、地中海、中亚，到达新疆维吾尔自治区。与此同时 500 m 高度上来自我国东北和朝鲜半岛北部的空气气团也向东经过全球大范围的运动之后，到达此地，然后两股气流合二为一，大致沿东北—东南方向经过俄罗斯南部、蒙古国、内蒙古自治区、山西省、河南省等地，到达武汉地区。而 750 m 高度上，起源于北太平洋海域的空气气团在其附近作辗转运动,最终向西经过日本南部,在山东省登陆,然后北上在蒙古国境内作类似"8"运动轨迹,最后南下到达武汉。

2. 秋季

2015 年秋季,100 m 高度上环流起源于美国东海岸、北大西洋附近海域的空气气团向东经过地中海、西亚、巴基斯坦、印度北部、西藏自治区,到达我国青海省,与 500 m 高度来自加拿大东北部、北太平洋附近海域的空气气团经过复杂运动后一同汇合,而此时 750 m 高度上起源于加拿大北部、北冰洋附近海域的空气气团向东穿越北半球大部分区域后,也运动至此。最后三股气流一起沿东南方向经过甘肃省、陕西省、河南省等地到达武汉地区。

3. 冬季

2015 年冬季,100 m、500 m、750 m 高度上的三个空气气团均起源于俄罗斯远东地区和北冰洋附近地区,并且各自大概沿着北纬 45°纬线圈向东运动,其中在北极地区进行多次不规则的重复运动,最后一起在俄罗斯北部的北冰洋海域汇合,然后一路南下,穿越俄罗斯、蒙古国中部、内蒙古自治区、山西省、河南省等地,到达武汉地区。在冬季前期,空气质点的高度均在 2 000 m 以下;到了中期,100 m 高度的气流的空气质点先上升到 6 000 m 以上,后下降至 2 000 m 以后,其他的两股气流则不驳变;而在后期,三股气流的空气质点高度均上升至 2 000 m 以上,变化趋势基本一致。

4. 春季

2016 年春季,100 m 高度上起源于加拿大北部、北冰洋附近海域的空气气团向东经过格陵兰岛、北大西洋、北欧、俄罗斯西北部,到达西亚地区,在俄罗斯中南部与 500 m 高度上来自西北欧,并且围绕北极依次穿越俄罗斯中部、加拿大北部、地中海等地区的空气气团相遇,然后大致沿中国东北、日本群岛、江苏省、安徽省的路线到达武汉地区。而在 750 m 高度上,起源于加拿大中部地区的空气气团在北极附近作多次不规则运动后,向南经过俄罗斯、蒙古国、黄海、江苏省、安徽省等地到达武汉地区。

8.3　武汉地区黑碳轨迹聚类分析

在基于 GIS 的 TrajStat 软件的基础上,将轨迹数据划分为不同的运输组或集群,进行轨迹聚类分析。为了研究不同类型的气流轨迹对黑碳的影响,根据各类气流轨迹空间分布特征的一致性和聚类轨迹可变性最小的原则,将不同的气流轨迹进行差异性聚类。本书将各类轨迹对应的黑碳的算术平均值结合各类气流轨迹特征,分析不同气流类型对污染物的输送影响。

基于 2015 年 7 月～2016 年 6 月观测到的黑碳质量浓度,利用 HYSPLIT-4 模型根据各轨迹空间分布特征的一致性对主要的轨迹集群进行划分,对各类轨迹对应的黑碳质量浓度的算术平均值进行统计分析,以表征特定高度下该类气流影响下的大气污染物质量浓度水平特征,分配给每个集群的轨迹的数量及其对应的黑碳质量浓度,描述每个轨迹的空间分布特征的一致性,表 8-1 为武汉市不同季节黑碳轨迹聚类数及平均质量浓度。

表 8-1　武汉市不同季节黑碳轨迹聚类数及平均质量浓度统计

季节	轨迹	NAL/条	黑碳质量浓度/($\mu g/m^3$)	PAL/%
夏季	1	24	1.455 ± 0.305	7.57
	2	293	2.618 ± 0.765	92.43
秋季	1	99	3.729 ± 1.004	27.81
	2	195	3.909 ± 1.553	59.82
	3	32	3.295 ± 0.973	12.37
冬季	1	140	6.566 ± 2.554	42.68
	2	122	6.528 ± 2.280	37.2
	3	18	5.861 ± 2.990	5.49
	4	13	5.696 ± 2.833	3.96
	5	18	4.604 ± 1.331	5.49
	6	12	7.921 ± 1.531	3.66
	7	5	3.324	1.52
春季	1	125	3.754 ± 1.402	37.99
	2	172	3.262 ± 0.816	52.28
	3	11	5.047	3.35
	4	21	3.890 ± 1.439	6.38

注:NAL 表示聚类轨迹总数;PLA 表示每类轨迹占总轨迹的百分比

结合分析,可以得到:

(1) 在夏季,参与聚类的轨迹总数为 317 条,主要分为 2 条轨迹,其中来自湖南省、江西省附近的轨迹 2 占了 92.43%,由于距离武汉较近,可以视为近距离污染源,而来自日本群岛北部区域的空气气团轨迹 1 则只占了 7.57%,输送距离远,对武汉污染的影响较小,轨迹 1、2 上的黑碳平均质量浓度分别为 $1.455\pm0.305\ \mu g/m^3$、

$2.618\pm0.765\ \mu g/m^3$。

（2）在秋季，参与聚类轨迹的总数为 326 条，主要分为 3 条轨迹，轨迹 1 主要来自河南省，占 27.81%，而主要来自湖南省的轨迹 2 占了 59.82%，来自我国东海海域附近的轨迹 3 经过浙江省、福建省、江西省等地到达武汉市，大概占了 12.37%。

（3）在冬季，参与聚类的轨迹总数为 328 条，到达武汉市的主要聚类轨迹有 7 条，其中本地气团轨迹 1 占比最高，为 42.68%，其次是来自广东省、湖南省等地的轨迹 2，占 37.2%，并且每条轨迹的黑碳平均质量浓度均高于其他季节，这说明离武汉较近的本地空气气团是造成武汉市冬季黑碳污染的主因。

（4）在春季，参与轨迹聚类的总数为 329 条，主要分为 4 条轨迹，其中分别来自河南省、湖南省的轨迹 1 和轨迹 2 占比为 37.99%、52.28%，占比明显高于轨迹 3 和轨迹 4，这说明春季武汉市污染受周边湖南省、河南省等地影响较大。但是轨迹 3 上黑碳平均质量浓度为 $5.047\ \mu g/m^3$，明显高于其他 3 条轨迹的黑碳平均质量浓度，这说明从上海市、江苏省、安徽省方向过来的空气气团对武汉市黑碳质量浓度增加有明显作用。

通过不同季节聚类轨迹的黑碳质量浓度计算可以看出，冬季轨迹上黑碳平均质量浓度在一年中最高，夏季最低，这与黑碳质量浓度呈现"冬高夏低，春秋持平"的季节性规律基本吻合，原因可能是夏季植被覆盖率高，自然源少，东南季风带来的暖湿气流与降水对污染物有一定稀释作用，而在冬季武汉市易受北方大陆性气流影响，受北方沙尘和人为源的影响大，导致黑碳质量浓度偏高。

从占比较高的主要聚类轨迹途经区域可以得到，武汉市黑碳污染受远距离污染源影响较小。在春季和秋季，武汉市黑碳质量浓度水平受周边污染源影响较大，其中河南、湖南两省是潜在的污染源区，对污染的贡献率较高。而在夏季和冬季，武汉市黑碳污染主要来自本地，受本地污染源较大。

8.4　武汉地区黑碳 PSCF 分析及高度廓线分析

8.4.1　PSCF 分析

为了进一步研究武汉大气污染输送源，定性分析影响武汉市黑碳质量浓度的潜在源区和贡献率大小。利用 Trajstat 软件、黑碳观测数据进行 PSCF 分析，在近地面高度上，武汉市 PSCF 值高于 0.6 的区域主要集中在湖南省东部、江西省西北部、河南省中部及安徽省等地，即这些区域是武汉市黑碳的潜在源区，携带这些源区的污染物沿着聚类轨迹 1、2 输送抵达武汉，另外山东省、河北省、江苏省等地污染源对武汉地区也有一定的影响。PSCFD 较小值则主要集中在新疆维吾尔自治区、青海省、陕西省等西北地区和内蒙古自治区、辽宁省等北方地区及一条由南海北上的 PSCF 低值轨迹线,这说明每年冬季来自北方的冷空气气团和夏季来自海洋的暖湿气团由于携带大量雨水,对空气污染物具有一定的稀释作用,使得到达武汉的气流携带的污染物较少。

8.4.2　高度廓线分析

为了对武汉地区空气气团轨迹特征进行全面的科学分析,进一步研究垂直方向的轨迹分布是十分必要的。如图 8-3 所示,对高度剖面的前向轨迹分析发现,在垂直方向上到达武汉的前向轨迹分布有明显的差异。每个季节每条轨迹的海拔高度平均值和标准偏差都显示在表 8-2 中。

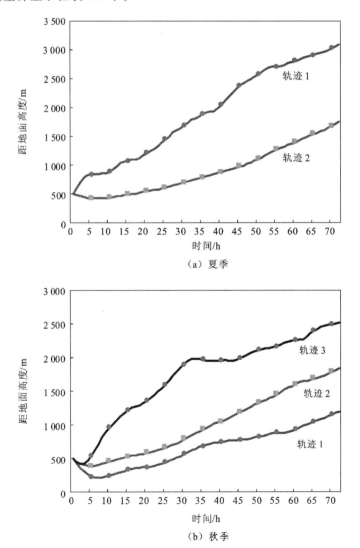

（a）夏季

（b）秋季

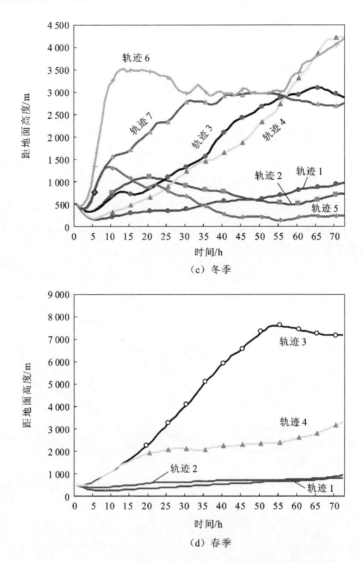

图 8-3　2015 年 6 月至 2016 年 7 月武汉市前向轨迹高度廓线图

表 8-2　不同季节每一轨迹的海拔高度的平均值

季节	轨迹	T 值/m
夏季	1	1 901.23±794.78
	2	894.42±410.69
秋季	1	648.69±288.06
	2	1 004.68±472.72
	3	1 722.23±603.98

续表

季节	轨迹	T 值/m
冬季	1	518.57±232.99
	2	715.03±215.64
	3	1 776.08±986.93
	4	1 740.83±1 286.1
	5	527.02±370.21
	6	2 346.96±746.84
	7	3 053.85±809.27
春季	1	517.95±176.64
	2	649.92±139.09
	3	4 663.15±2 599.29
	4	2 038.71±695.73

在夏季，垂直方向上的气团变化差异较大。轨迹 1 和轨迹 2 的高度基本都在 500 m 以上，其海拔高度平均值分别为 1 901.23±794.78 m、894.42±410.69 m，总体上轨迹 2 的空气气团海拔高度要比轨迹 1 的空气气团低，说明造成夏季武汉地区黑碳污染的空气气团以低空运输为主，它主要来自附近的湖南省，并且有较短的运输通道，进一步加重了武汉地区的污染，而来自日本北部的轨迹 2 的空气气团则拥有较长的通道，并且经过了日本海、黄海等洁净海洋地区，减少了对武汉地区的污染。

在秋季，轨迹 1、2 可能被视为最主要的污染轨迹，它们大致在 600~1 000 m 的海拔高度上为武汉地区贡献了较多的黑碳。这两条轨迹上的空气气团一方面来自北部，通过河北省和河南省等工业相对发达地区，从而将污染物运输到武汉。另一方面来自南部，通过湖南省，这一地区有色冶炼行业较多，因此输送了较多污染物到达武汉。而平均高度在 1 722.23±603.98 m 的轨迹 3 上的空气气团起源于我国东部海域，拥有较长的运输通道，在海洋的净化作用下，使到达武汉的污染物大大减少。可以明确的是，在这一时期，武汉市黑碳污染仍以低空运输为主，与夏季主要的污染轨迹的海拔高度类似。

在冬季，参与轨迹聚类的共有 7 类，其中在 1 000 m 高度以上的空气气团主要与轨迹 3、4、6、7 有关，其平均海拔高度分别为 1 776.08±986.93 m、1 740.83±1 286.1 m、2 346.96±746.84 m、3 053.85±809.27 m，主要分布在 1 500~3 500 m 的高空，并且它们全部来自我国沿海附近的东北部海洋区域，无一例外的拥有较长的运输通道，因此对武汉地区的污染大大减少，这一点也可以从各自轨迹的黑碳平均质量浓度低于其他轨迹可以看出。相反的，大致分布在 500~700 m 高度的轨迹 1、2、5 上的空气气团主要来自武汉本地和广东省、湖南省等工业相对发达地区，它们通过较短的运输通道，将污染物带到武汉，大大增加了冬季黑碳污染。与前两个季节相比，它的来源分布有明显的不同,即武汉本地的空气气团对污染的贡献最大,这说明在冬季,除了来自附近省份的污染之外,武汉黑碳污染更多由自身造成,这对武汉冬季治霾防雾提供了新的思路。

在春季,与轨迹1、2相关的空气气团主要分布在500~700 m的高度,轨迹聚类占比较高,而与轨迹3、4相关的空气气团主要分布在2 000~5 000 m的高度,轨迹2黑碳平均质量浓度低于轨迹4(表8-1),这说明来自日本群岛的轨迹4上的空气气团经过较长距离的海洋上空运输后,到达武汉的污染物不降反升,最可能是它从海洋上空到达我国长江三角洲地区时,受该区域污染源的汇入,从而使到达武汉的污染物增加。

总的来说,武汉地区主要受分布在500~1 000 m高度上的气流的影响,这表明近地面气团对黑碳质量浓度水平有重要影响。这类空气气团通过人为源较多的地区,如河南省、湖南省,拥有较短的运输途径。而分布在2 000~5 000 m高度上的气流主要来我国东部海域附近,这些气流经过海洋,拥有长途运输通道,对武汉地区黑碳污染影响较小。

第 9 章 减缓气溶胶中颗粒物污染的对策与建议

作为空气中的细颗粒污染物,黑碳对人体具有危害,同时它能降低大气能见度,影响区域环境空气质量和经济、社会发展,因此本书对武汉市黑碳的来源进行了初步探讨。结果显示,黑碳存在明显的"冬高夏低"季节性污染特征和空间分布差异,同时黑碳与 PM_{10}、CO、SO_2 等示踪污染物相关性较高,说明黑碳可能来自 PM_{10}、SO_2 等排放源;而通过源区分析得到,湖南省、河南省、安徽省等周边源对武汉市黑碳的贡献率较高,重点加强和这些地区的环保联防将极大提高武汉市的环境空气质量。因此基于这些结论,本书针对污染物来源控制、污染区域性、污染迁移提出有效的改善大气环境的减缓气溶胶中颗粒物污染的对策和建议,包括以下几点。

(1)实施区域与本地污染分区管理制度,加强中部地区联防联控协作。依据武汉市周边污染源的现实情况和区域内污染物迁移规律,将武汉市周边区域划分为重点控制区和一般控制区,结合各地污染状况和排放特点,实行差异化管理,加强与湖南、河南、安徽等省份主要城市的环保信息沟通,对突发重大环境污染事件做到"共预防、共管理、共分享",从源头上减少各地对武汉市黑碳污染的输送,促进中部地区环境保护工作共同发展。同时武汉自身要优化城市空间结构,实施核心区、限制区分类管控,加强重点区域生态用地的建设和保护,积极推进生态廊道建设,严格控制武汉地区高层建筑建设,确保上风向通道顺畅。

（2）减少区域污染物排放量，加强 PM_{10}、CO、SO_2 等污染物监测能力，完善配套治理措施。武汉市需要实施与多种污染物的协同减排，加强汽车尾气排放等移动源和工业面源的治理工作，对高污染、重污染企业和工程加强监管，同时进一步完善武汉市环保监测系统，特别是加强对污染较重的冬季时期颗粒物的监测工作，建立重大污染事件预警和防护机制，有针对性地开展工地扬尘管制、道路保洁、餐饮及汽修行业店面管理等工作。

（3）深入贯彻落实武汉拥抱蓝天行动计划，积极开展大气督查和重点行业排污调查工作，落实各项大气治理举措。武汉市近几年大气环境治理工作成果显著，相关部门需要在此基础上继续积极稳妥推进，建立大气督查常态化工作机制，对重大工程和重要路段、区域实行网格化管理，将环境保护落实到实处，同时重点加强对排污较大行业的摸排工作，建立企业环保档案制度。

相关部门要积极实施大气污染治理的管控管制措施，具体包括：①加强工地扬尘（含拆迁工地）治理，实行文明施工保证措施报备制度，严格建筑施工现场的封闭管理，强化施工过程的防尘降尘管理，落实建筑垃圾的消纳控制措施，按照"易绿则绿、易盖则盖、分类实施、多策并举"的原则，对裸露土方采取覆盖、固化、洒水或者绿化等措施控制扬尘污染。②加强道路扬尘污染防治管控。对全市主干道实行全时段保洁保湿，做到道路、区域全覆盖，对污染较重区域，适当增加洗路和压尘作业频次，确保道路见本色。加强运输过程扬尘监管，所有散装物料车辆必须全部覆盖，杜绝遗撒。实行渣土运输车标准化管理，及时淘汰违规、落后的渣土运输车辆，推广符合国家技术规范的车辆，实行渣土运输环保、密封、智能管理。③实施主次干道渣土车黄标车限行，加强机动车行驶管理。重点区域范围内禁止黄标车和无标车上路行驶，同时加强机动车尾气治理，在重污染天气期间严格管控渣土车违规上路。④加强非道路机动车污染防治管控。开展非道路移动机械排污状况调查，严厉查处冒黑烟工程施工机械；严查工程施工机械使用重油和渣油等行为。⑤强化汽修企业污染整治。对全市重点汽修企业集聚区域实行地毯式摸排，严厉打击占道从事汽车露天维修与喷涂作业等违法行为。对有经营许可，在室内从事汽车维修喷涂但未安装废气净化设施的，由环境保护单位予以查处并限期整改。⑥严控餐饮油烟污染源和民用燃煤污染源。规模化餐饮单位必须配套建设高效油烟净化装置；积极推进居民家庭餐饮油烟直排设施实施治理改造，推广高效餐饮油烟净化设施。⑦加强加油站油气回收检查。检测口阀门关闭，卸油口、油气回收口、量油口、P/V 阀及相关管路是否有漏油现象。⑧加强码头污染防治管控。码头装卸机械应采取相应的防尘降尘措施，在不利气象条件下必须停止作业。实施码头堆场及坡面硬化、绿化工程，硬化或绿化率达到环境保护相关规定要求。落实防尘抑尘措施，堆场物料实施全覆盖，码头、堆场边际应实施防渗、抑尘等工程措施。

　　（4）严格控制市区人口数量，加强环境宣传教育，提高全民环境保护意识。城市环境承载力是有限度的，通过控制武汉市流动人口数量，能够有效减少排污绝对总量。同时，各相关部门要积极开展环境宣传教育，大力普及环境保护基础知识、政策法规，采取多形式、多手段开展"节能减排"、"节水节电"等宣传活动，形成全社会保护环境的良好氛围，帮助个人、企业环境保护从被动向主动转变。

参 考 文 献

[1] 王明星,张仁健. 气溶胶研究的前沿问题[J]. 气候与环境研究,2001,6(1): 119-124.

[2] LACIS A A,MISHCHENKO M I. Climate forcing,climate sensitivity,and climate response:a radiative modeling perspective on atmospheric aerosols [A]//CHARLSON R J,HEINTZENBERG J. Aerosol forcing of climate [M]. New York:John Wiley,1995:11-42.

[3] DENTENER F J,CARMICHAEL G R,ZHANGY,et al. Role of mineral aerosol as a reactive surface in the global troposphere [J]. Journal of geophysical research atmosphere,1996,101:22869-22889.

[4] 石广玉,王标,张华,等. 气溶胶的辐射与气候效应[J]. 大气科学,2008,32(4): 826-840.

[5] TWOMEY S. Atmospheric aerosol[M]. New York:Elsevier,1977.

[6] 张小曳. 中国气溶胶及其气候效应的研究[J]. 地球科学进展,2007,22(1): 12-16.

[7] 董俊玲,张仁健,符淙斌. 中国地区气溶胶气候效应研究进展[J]. 中国粉体技术, 2010,16(1):1-4.

[8] 贺克斌,杨复沫,段凤魁,等. 大气颗粒物与区域复合污染[M]. 北京:科学出版 社,2011:1.

[9] 吴兑. 灰霾天气的形成与演化[J]. 环境科学与技术,2011,34(3):157-161.

[10] GERESDI I,MESZAROS E,MOLNAR A. The effect of chemical composition and size distribution of aerosol particles on droplet formation and albedo of stratocumulus clouds [J]. Atmospheric environment,2006,40(10):1845-1855.

[11] 张立盛,石广玉. 硫酸盐和烟尘气溶胶辐射特性及辐射强迫的模拟估算[J]. 大 气科学,2001,25(2):231-24.

[12] RAMANATHAN V,CARMICHAEL G. Global and regional climate changes due to black carbon [J]. Nature geosci,2008,(1):221-227.

[13] SOLOMON S D,QIN M,MINNING Z,et al. IPCC,2007:Climate Change 2007:The Physical Science Basis. Contribution of Working Group I to the Fourth Assessment Report of the Intergovernmental Panel on Climate Change [J]. Computational geometry,2007(2):1-21.

[14] 许立功. 城市大气中气溶胶的毒性:粒子大小的影响[J]. 国外医学参考资料:卫

生学分册,1977,(01):20-23.

[15] 吕达仁,魏重.气溶胶对激光的消光理论计算[J].大气科学,1978,2(1): 145-152.

[16] 邹进上,莫天麟,许绍祖.夏季长江下游地区吸湿性巨核的分布特点[J].南京大 学学报:自然科学版,1964,8(1):148-165.

[17] 游荣高,洪钟祥,吕位秀,等.边界层大气气溶胶质量浓度与尺度谱分布的时空 变化[J].大气科学,1983,7(1):88-94.

[18] 徐国昌,陈敏连,吴国雄.甘肃省"4.22"特大沙暴分析[J].气象学报,1979, 37(1):26-35.

[19] 周明煜,曲绍厚,宋锡铭,等.北京地区一次沙暴过程的气溶胶特征[J].环境科 学学报,1981,1(3):207-218.

[20] 许黎,樊小标,石广玉,等.对流层平流层气溶胶粒子的形态和化学组成[J].气 象学报,1998,56(5):551-559.

[21] 祁栋林,黄建青,赵玉成.瓦里关山大气浑浊度的初步分析[J].青海环境,1999, 9(1):18-21.

[22] 白宇波.拉萨上空气溶胶激光雷达与臭氧高空气球探测[D].北京:北京大 学,2000.

[23] 毛节泰,张军华,王美华.中国大气气溶胶研究综述[J].气象学报,2002,60(5): 625-634.

[24] 罗淦,王自发.全球环境大气输送模式(GEATM)的建立及其验证[J].大气科 学,2006,30(3):504-518.

[25] 李成才,刘启汉,毛节泰,等.利用MODIS卫星和激光雷达遥感资料研究香港地 区的一次大气气溶胶污染[J].应用气象学报,2004,15(6):641-650.

[26] 谭静,潘蔚琳,朱克云,等.青海格尔木气溶胶地基激光雷达观测研究[J].高原 山地气象研究,2015,35(4):63-70.

[27] 林楚勇,邓玉娇,徐剑波,等.基于MODIS的广东省气溶胶光学厚度时空分布特 征分析[J].热带气象学报,2015,31(6):821-826.

[28] 李海波,余祺,沈建军.武汉地区空气质量特征及控制对策分析[J].工业安全与 环保,2007,33(2):46-48.

[29] 李兰,危万虎,魏静,等.武汉市空气污染状况及其与气象条件的关系[J].湖北 气象,2004,(03):18-22.

[30] 李兰,魏红明,魏静,等.武汉市PM_{10}污染日变化及其高污染时段特征[J].环境 科学与技术,2007,30(1):39-41.

[31] 魏静,危万虎,李兰,等.武汉市空气质量特征[J].气象科技.2004,32(6): 417-419.

[32] 王大鹏,张道远,吴丹辉,等.武汉地区气溶胶粒子与气象要素之间的关系探究. 第 34 届中国气象学会年会 S9 大气成分与天气、气候变化及环境影响论文集, 2017:1-6.

[33] 曹新光,胡红兵.武汉中心城区可吸入颗粒物连续在线观测分析研究[J].曲阜师范大学学报,2015,21(4):79-83.

[34] 华蕾,郭婧,徐子优,等.北京市主要 PM_{10} 排放源成分谱分析[J].中国环境监测,2006,22(6):64-71.

[35] 狄一安,杨勇杰,周瑞,等.北京春季城区与远郊区不同大气粒径颗粒物中水溶性离子的分布特征[J].环境化学,2013,32(9):1604-1610.

[36] WANG G,WANG H,YU Y,et al. Chemical characterization of water-soluble components of PM_{10} and $PM_{2.5}$ atmospheric aerosols in five locations of Nanjing,China[J]. Atmospheric environment,2003,37:2893-2902.

[37] 汤莉莉,沈宏雷,汤蕾,等.冬季南京北郊气溶胶中水溶性阴离子特征[J].大气科学报,2003,36(4):489-498.

[38] LIU X G,CHENG Y F,ZHANG Y H,et al. Influences of relative humidity and particle chemical composition on aerosol scattering properties during the 2006 PRD campaign [J]. Atmospheric environment,2008,42(7):1525-1536.

[39] HAN L H,ZHUANG G S,CHENG S Y,et al. The mineral aerosol and its impact on urban pollution aerosols over Beijing, China [J]. Atmospheric environment,2007,41(35):7533-7546.

[40] 何俊杰,吴耕晨,张国华,等.广州雾霾期间气溶胶水溶性离子的日变化特征及形成机制[J].中国环境科学,2014,34(5):1107-1112.

[41] ANDREAE M O,ROSENFELD D. Aeroso-cloud-precipitation interactions. Part 1. The nature and sources of cloud-active aerosols[J]. Earth science reviews,2008,89(1):13-41.

[42] MOULI P C,MOHAN S V,REDDY S J. A study on major inorganic ion composition of atmospheric aerosols at Tirupati [J]. Journal of hazardous materials,2003,96(2):217-228.

[43] 于建华,虞统,魏强,等.北京地区 PM_{10} 和 $PM_{2.5}$ 质量浓度的变化特征[J].环境科学研究.2004,7(1):45-47.

[44] 张学敏,庄马展.厦门市大气细颗粒物源解析的研究[J].厦门科技,2007,6(2):41-43.

[45] 杨桂朋,宿鲁平.山东半岛南部近海气溶胶水溶性离子的化学组成[J].中国海洋大学学报(自然科学版),2009,39(4):745-749.

[46] 文彬,银燕,秦彦硕,等.夏季黄山不同高度气溶胶水溶性离子特征分析[J].环

境科学.2013,34(5):1973-1981.

[47] 张帆,成海容,王祖武,等.武汉秋季灰霾和非灰霾天气细颗粒物 $PM_{2.5}$ 中水溶性离子的特征[J].中国粉体技术.2013,19(5):31-33.

[48] 刘立.东莞/武汉城市大气颗粒物的理化特性与来源解析[D].武汉:华中科技大学,2016.

[49] IPCC. Third Assessment report,climate change 2001:the scientific basis[R]. New York:Cambridge University Press,2001.

[50] DECASARI S,FACCHINI M C,SMITH D M,et al. Water soluble organic compounds formed by oxidation of soot [J]. Atmospheric environment,2002, 36:1827-1832.

[51] 郑安桥,苏亚欣,赵敬德.黑碳研究现状[J].能源环境保护,2007,21(5):5-6.

[52] 秦世广,汤洁,温玉璞.黑碳及其在气候变化研究中的意义[J].气象,2001,27 (11):4-5.

[53] 许黎,王亚强,罗勇,等.黑碳的气候效应和拓展的研究领域[J].气候变化研究进展,2007,3(6):328-333.

[54] 张华,王立志.黑碳气候效应研究进展[J].气候变化研究进展,2009,5(6): 311-317.

[55] CAO J J,LEES C,HO K F,et al. Spatial and seasonal variations of atmospheric organic carbon and elemental carbon in Pearl River Delta Region, China[J]. Atmospheric environment. 2004,38(27):4447-4456.

[56] 郑玫,张延君,闫才青,等.中国 $PM_{2.5}$ 来源解析方法综述[J].北京大学学报(自然科学版),2014,50(6):1141-1154.

[57] 朱厚玲.我国地区黑碳时空分布研究[D].北京:中国气象科学研究院,2003.

[58] KIM H J,LIU X D,KOBAYASHI T,et al. Ultrafine carbon black particles inhibit human lung fibroblast mediated collagen gel contraction[J]. American journal of respiratory cell& molecular biology,2003,28:111-21.

[59] SHARMA S,LAVOUE D,CACHIER H,et al. Long-term trends of the black carbon concentrations in the Canadian Arctic [J]. Journal of geophysical research atmospheres,2004,109,(D15),203.

[60] MURPHY D M,CHOW J C,LEIBENSPERGER E M,et al. Decreases in elemental carbon and fine particle mass in the United States[J]. Atmospheric chemistry and physics,2011,11:4679-4686.

[61] 刘新春,钟玉婷,何清,等.2009 年冬季乌鲁木齐大气中黑碳观测研究[C]// 2011 年第二十八届中国气象学会年会论文集,厦门,2011.

[62] VERMA R L,SAHU L K,KONDO Y,et al. Temporal variations of black

carbon in Guangzhou,China,in summer 2006[J]. Atmospheric chemistry and physics,2010,10:6471-6485.

[63] 姚青,蔡子颖,韩素芹,等.天津城区秋冬季黑碳观测与分析[J].环境化学,2012,31(3):324-329.

[64] 肖秀珠,刘鹏飞,耿福海,等.上海市区和郊区黑碳的观测对比[J].应用气象学报,2011,22(2):158-168.

[65] 贺克斌,贾英韬,马永亮,等.北京大气颗粒物污染的区域性本质[J].环境科学学报,2009,29(3):482-487.

[66] 陶俊,朱李华,韩静磊,等.广州城区冬季黑碳污染特征及其来源初探[J].中国环境监测,2009,25(2):53-56.

[67] 于丽萍,李栋,杜传耀,等.2013 年北京黑碳质量浓度特征及其影响因素分析[C]//2014 中国环境科学学会学术年会,2014.

[68] 张骁,汤洁,武云飞,等.2006—2012 年北京及周边地区黑碳变化特征[J].中国粉体技术,2015,21(04):24-29.

[69] 李杨,曹军骥,张小曳,等.2003 年秋季西安大气中黑碳的演化特征及其来源解析[J].气候与环境研究,2005,10(2):229-237.

[70] 张楠,覃栎,谢绍东.中国黑碳排放量及其空间分布[J].科学通报,2013,5819:1855-1864.

[71] ZHANG X L,RAO R Z,HUANG Y B,et al. Black carbon aerosols in urban central China[J]. Journal of quantitative spectroscopy & radiative transfer,2015(150):3-11.

[72] 张宇尧.基于气溶胶光学特性对武汉黑碳和有机碳的研究[J].测绘科学技术,2017,5(2):67-75.

[73] GONG W,ZHANG T H,ZHU Z M,et al. 2015. Characteristics of $PM_{1.0}$,$PM_{2.5}$,and PM_{10},and their relation to black carbon in Wuhan,central China[J]. Atmosphere,6:1377-1387.

[74] CONNAN O,SMITH K,ORGANO C,et al. Comparison of RIMPUFF,HYSPLIT,ADMS atmospheric dispersion model outputs,using emergency response procedures,with 85 Kr measurements made in the vicinity of nuclear reprocessing plant [J]. Journal of environmental radioactivity,2013,124:266-277.

[75] BOWYER T W,KEPHART R,ESLINGER P W,et al. Maximum reasonable radioxenon releases from medical isotope production facilities and their effect on monitoring nuclear explosions[J]. J environ radioact,2013,115(1):192-200.

［76］ROLPH G D,DRAXLER R R,STEIN A F,et al. Description and verification of the NOAA smoke forecasting system:the 2007 fire season[J]. Weather& forecasting,2009,24(2):361-378.

［77］ESCUDERO M,STEIN A F,DRAXLER R R,et al. Source apportionment for African dust outbreaks over the Western Mediterranean using the HYSPLIT model[J]. Atmospheric research,2011,99(3-4):518-527.

［78］ CHEN B, STEIN A F, MALDONADO P G, et al. Size distribution and concentrations of heavy metals in atmospheric aerosols originating from industrial emissions as predicted by the HYSPLIT model[J]. Atmospheric environment,2013,71(234):234-244.

［79］ FLEMING Z L, MONKS P S, MANNING A J. Review: untangling the influence of air-mass history interpreting observed atmospheric composition [J]. Atmospheric research,2012,104-105(1):1-39.

［80］WANG Y Q,ZHANG X Y,ARIMOTO R. The contribution from distant dust sources to the atmospheric particulate matter loading at Xi'an,China during spring[J]. Science of the total environment,2006,368:875-883.

［81］张芳,周凌晞,许林.瓦里关大气 CH_4 质量浓度变化及其潜在源区分析[J]. 中国科学:地球科学,2013,43(4):536-546.

［82］周沙,刘宁,刘朝顺.2013-2015 年上海市霾污染事件潜在源区贡献分析[J]. 环境科学学报,2017,37(5):1835-1842.

［83］葛跃,王明新,白雪,等.苏锡常地区 $PM_{2.5}$ 污染特征及其潜在源区分析[J].环境科学学报,2017,37(3):803-813.

［84］王惠文,孟洁.多元线性回归分析的预测建模方法[J].北京航空航天大学学报,2017,33(4):500-504.

［85］旦增,彭鹏,谭均,等.多元线性回归模型在拉萨市区生活垃圾常量预测中的应用[J].西藏科技,2013(8):40-42.

［86］周颖,周家斌,王磊,等.武汉市秋冬季大气 $PM_{2.5}$ 中多环芳氢的分布特征及来源[J].生态环境学报,2013,22(3):506-511.

［87］SIMCIK M,LIOY P S,EISENREICH S J. Source apportionment and source/ sink relationships of PAHs in the coastal atmosphere of Chicago and Lake Michigan[J]. Atmospheric environment,1999,33(30):5071-5079.

［88］DONG T T,LEE B K. Characteristics,toxicity,and source apportionment of polycylic aromatic hydrocarbons(PAHs)in road dust of Ulsan, Korea[J]. Chemosphere,2009,74(9):1245-1253.

［89］赵恒,王体健,江飞,等.利用后向轨迹模式研究 TRACE-P 期间香港大气污染

物的来源[J]. 热带气象学报,2009,25(2):181-186.

[90] BORGE R,LUMBRERAS J,VARDOULAKEIS S,et al. Analysis of long-range transport influences on urban PM$_{10}$ using two-stage atmospheric trajectory clusters[J]. Atmospheric environment,2007,41(21):4434-4450.

[91] 王茜. 利用轨迹模式研究上海大气污染的输送来源[J]. 环境科学研究,2013,26(4):357-363.

[92] GAO N,CHENG M D,HOPKE P K. Potential source contribution function analysis and source apportionment of sulfur species measured at Rubidoux,CA during the Southern California Air Quality Study,1987[J]. Analytica chimica acta,1993,277(2):369-380.

[93] 张小曳,孙俊英,王亚强,等. 我国雾—霾成因及其治理的思考[J]. 科学通报,2013,58(13):1178-1187.

[94] 赵锦慧,王丹,舒进兵,等. 武汉市冬春季气溶胶粒子的化学组成特征分析[J]. 气候变化研究进展,2008,4(2):117-121.

[95] 张亚平,鲁珍,王丹,等. 武汉市科教区冬春季 PM$_{10}$ 和 PM$_{2.5}$ 质量浓度及水溶性离子分析[J]. 安徽农业科学,2009,37(33):16513-16515.

[96] 周明煜,姚文清,徐祥德,等. 北京城市大气边界层低层垂直动力和热力特征及其与污染物质量浓度关系的研究[J]. 中国科学:D辑:地球科学,2005,(S1):20-30.

[97] 朱厚玲. 我国地区黑碳时空分布研究[D]. 北京:中国气象科学研究院,2003.

[98] NETER J,WASSERMANW,KUTNER M H. Applied linear statistical models:regression,analysis of variance,and experimental designs[M]. Homewood(IL):Irwin,1990.

[99] STELSON A W,SEINFELD J H. Relative humidity and temperature dependence of the ammonium nitrate dissociation constant[J]. Atmospheric environment,2007,16(5):983-992.

[100] SCHAAP M,MULLER K,BRINK H M T. Constructing the European aerosol nitrate concentration field from quality analyzed data[J]. Atmospheric environment,2002,36:1323-1335.

[101] 黄怡民,刘子锐,陈宏,等. 北京夏冬季霾天气下气溶胶水溶性离子粒径分布特征[J]. 环境科学,2013,34(4):1236-1244.

[102] XU L,CHEN X,CHEN J,et al. Seasonal variations and chemical compositions of PM$_{2.5}$ aerosol in the urban area of Fuzhou,China[J]. Atmospheric research,2012,104-105:264-272.

[103] DRAXLER R R,HESS G D. Description of the HYSPLIT-4 modeling system

[C]//National Oceanic & Atmospheric Administration Technical Memorandum Erl Arl,1997,197-199.

[104] 颜鹏,黄健,DRAXLER R.北京地区 SO_2 污染的长期模拟及不同类型排放源影响的计算与评估[J].中国科学:D 辑:地球科学,2005,35(s1):167-176.

[105] 马欣,陈东升,温维,等.应用 WRF-chem 探究气溶胶污染对区域气象要素的影响[J].北京工业大学学报,2016,42(02):285-295.